沭阳

胡家花园

——名门宅苑的传承

李浩年 主编

东南大学出版社 南京

项目负责人

　　李浩年，南京市园林规划设计院有限责任公司名誉董事长，研究员级高级工程师，中国勘察设计协会风景园林与生态环境分会副会长，中国风景园林学会规划设计专业委员会副主任委员。

建筑设计专业负责人

　　陈伟，南京市园林规划设计院有限责任公司副总经理、总工程师、总建筑师，国家一级注册建筑师，研究员级高级工程师。

结构设计专业负责人

　　姜丛梅，南京市园林规划设计院有限责任公司副总经理，国家一级注册结构工程师，国家注册咨询（投资）工程师，研究员级高级工程师。

序

2015 年我院应邀参与沭阳胡家花园的设计方案比选。"胡家"在沭阳为望族名门，但真实"胡家"原址实体已无。为弘扬地方文化、挖掘文化价值、改善景观环境、营造地方旅游景点，从而提升城市品位，形成宜业、宜居、宜乐、宜游的优美生态环境，带动片区的发展，复建胡家花园的社会效益、经济效益和文化效益得到了社会的公认和时代的认可。我院设计团队精益求精，注重历史、注重场地，不断调整完善、深化设计方案，以文化传承为方向，以"淮海第一家"为目标，最终设计成果得到领导、专家、群众的认可，我院入选沭阳胡家花园的设计单位。记得在南京尹村饭店给沭阳县委书记胡建军等领导、专家介绍方案时，我反复表述胡家花园是文化传承项目，必须当传世之作来做，当作文物遗存来精心研考、精心设计，不留一笔遗憾。胡家花园定位为"淮海第一家"，总体布局遵循"东宅、西苑"的传统格局，设有东部文化体验区和西部园林文化休闲区，建筑为徽派风格，配以江南园林总体格调，清新淡雅，符合历史考记。

"胡家花园"的文化特性尤为重要，从建筑、园林的布局、组成要素上就体现了望族名门的文化格局和自然山水情怀，其中牌匾、楹联更是"文化点睛"。中国皇家园林也好，私家园林也好，尽管其传统园林所用的"亭、台、楼、阁"和山石、植物、水体等元素相同，但没有一个园林是相同的，这一方面体现了自然的造化，另一方面就是文化的出入。胡家花园由小桥入门，曲折至厅、至堂、至屋，廊连书轩、艺榭，西入苑囿别样景致，梅山楼阁、花溪荷塘、巧借近赏，这些都形成了别具一格的特色景观。再看牌匾与楹联，牌匾、楹联是我国独特的文化标志，牌匾多用于建筑门头等显著位置，表达了权力、文化、人物等信息，选取文学作品、成语典故、神话传说、名人书法、趋吉词语、宗教词语等内容精研成题，在园林中常为景观意境的表达，具有画龙点睛作用；楹联为壁间柱、墙上的联语，常与牌匾遥相呼应，相辅相成，或示相关内容，具有文字精当、对仗严谨、意远耐琢、脍炙人口之特点，园林楹联更强调语句的诗情画意和字体的书法性，它是表现园林意境的重要手段，楹联内容可自撰题写或取自同一诗词中的词句，也可取自不同诗词中的词句组合，以示其情景意境。胡家花园的有关牌匾、楹联就是以上述方法，精释成句、成联。

胡家花园复建完成后，达到了预期目的，深受游客赞美。大家在游览中体悟文化、体悟景致，相信在沭阳人民的关心下、呵护下，"淮海第一家"不仅形象、文化得以传承，而且德、智、育精神得以发扬光大，人才辈出，光祖耀宗，成为中华民族的骄傲。

李浩年

2021 年 5 月

目 录

1 项目背景及地域文化特点

1.1 项目背景

胡家花园，史称"周圈花园"，位于江苏省宿迁市沭阳县新河镇周圈村。明代嘉靖年间，由当地进士、抗葡英雄胡琏始建。

清代康熙初年，胡琏后人胡简敬（考中进士，曾为康熙老师）再次扩建，修建亭台楼阁，广植奇花异草。相传，当年乾隆皇帝下江南时专程来到胡家花园，观花赏景。胡家花园有着"一门三进士、淮海第一家"的美誉，"一门三进士"说的是胡氏家族重教兴文、人才辈出，声名远播。

1.2 地域文化特点

　　基于苏北独特的地理环境和历史条件，宿迁沭阳县一带逐渐形成了富有特色的地域文化，大体上体现在花木文化、胡氏名人文化、园林风水文化这三个方面。

宿迁市在江苏省的位置　　　　　　新河镇在宿迁市的位置

1.2.1 花木文化

沭阳县地处江苏北部、沂沭泗水下游，属鲁南丘陵、江陵、江淮平原过渡带。全县地形呈不规则方形，地势西高东低，县内土地平衍，河网密布，有新沂河、淮沭新河等29条河流纵横境内。沭阳属于暖温带季风气候，四季分明，日照充足，雨量丰沛。总体呈现"生态环境美、白鹭欢歌飞"的环境。

沭阳县新河镇作为全国闻名遐迩的花木基地，有"花木之乡"的美誉。作为沭阳花木栽植发源地，周圈村花木种植历史悠久、源远流长，距今已有500多年的历史，花木产业也是当地的支柱产业。

清代小说家李汝珍所著的《镜花缘》一书中即有"沭阳石榴甲天下"的记载。20世纪80年代以来，颜集、新河等乡镇的农民开始规模化生产花卉苗木。2000年新河镇被江苏省花木协会评为"花木之乡"，在多数行政村中，村村种花育苗，目前共有8000多个种花大户，花卉品种共2000余种，是江苏省面积最大的花卉种植基地，其中尤以"沭派"盆景最负盛名。

据历史记载，胡家花园"十二花神"分别是一月梅花，二月杏花，三月桃花，四月牡丹，五月石榴花，六月莲花，七月玉簪花，八月桂花，九月菊花，十月芙蓉花，十一月山茶花，十二月水仙花。

1.2.2 胡氏名人文化

沭阳的胡姓在明代是名门望族，直到现在县内还流传着有关胡琏的脍炙人口的传说。

胡琏（1469—1542 年），字重器，别号南津，南直隶淮安府沭阳县人。据《沭阳胡氏族谱》嘉庆五年本《序》中说，"前明正德间三世祖文璧公及伯祖南津公始显达"，"然南津公又迁淮阴"；咸丰四年本《序》中也说，"南津公迁淮，家沭者皆文璧公之后"。1996 年《重修沭阳胡氏族谱序》则云"琏公一支居淮安"。胡琏的老家为现在沭阳县新河镇周圈村，胡琏的儿孙中先后出了三个进士、两个举人，淮人为胡琏一门立"黄甲传芳坊""青云接武坊"，以示旌表。

人物关系

胡琏（1469—1543年），字重器，别号南津，南直隶淮安府沭阳县人。胡琏为胡纲（沭阳县志记作胡刚）之子，据《沭阳胡氏族谱》记载，胡纲为沭阳胡氏第二世。

明刑部左侍郎琏公像

后辈

清吏部侍郎简敬公遗像

胡简敬（1631—1695年），字又弓，江苏省淮安府沭阳县人。顺治八年（1651年）举人，顺治十二年（1655年）乙未科进士。历任翰林院庶吉士、国子监司业、吏部侍郎、翰林院侍读学士、内阁学士兼礼部侍郎。

外甥

吴承恩

吴承恩（约1500—1583年），男，字汝忠，号射阳居士。汉族，淮安府山阳县人。中国明代杰出小说家。

1.2.3 园林风水文化

　　按照"风水"理论，无论园林选址还是居室基址的选择应讲究"山水聚合，藏风得水"。园林选址依山带水，以山水为基本骨架，山因水活，水随山转；遵从风水理论八宅"卜筑"的原则，选择一种"天时、地利、人和"的理想环境，理景手法在风水中也有体现，例如"朝山""案山"就是园林中的对景。案山就是四神中的"朱雀"，位置在前，与主山相对，又称"宾山"；离得太近又不太高的山称"案山"或"座山"，离得远且高的山则称"朝山"或"望山"，前者相当于园林中的近对，后者相当于园林中的远对。风水理论中还重视园林景观和植物配置，认为"草木郁茂，吉气相随""木盛则生""益木盛则风生也"。日本《作庭记》"树事"载："在居处之四方应种植树木，以成四神具足之地。经云：有水由屋舍向东流为青龙。若无水流则可植柳九棵，以代青龙。西有大道为白虎，若无，则可代之以七棵楸树。南有池为朱雀，若无，则可代之以九棵桂树。北有丘岳为玄武。若无丘岳，则可植桧三棵，以代玄武。如此，四神具备，居此可保官位福禄，无病长寿。"体现了崇尚自然的本性，堂苑（园）结合得更加顺调的风水关系。

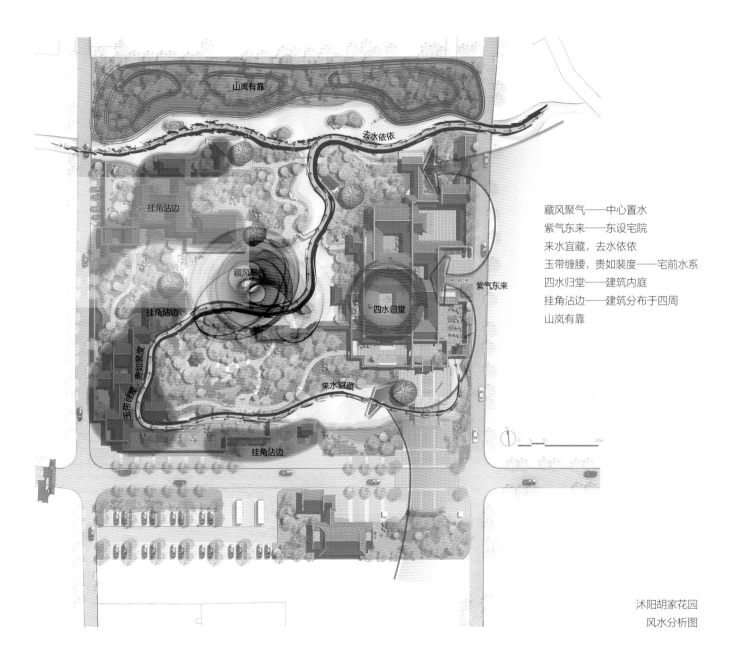

山岚有靠

去水依依

挂角沾边

藏风聚气

紫气东来

四水归堂

挂角沾边

玉带缠腰、贵如裴度

来水宜藏

挂角沾边

藏风聚气——中心置水
紫气东来——东设宅院
来水宜藏，去水依依
玉带缠腰，贵如裴度——宅前水系
四水归堂——建筑内庭
挂角沾边——建筑分布于四周
山岚有靠

沭阳胡家花园
风水分析图

江浙民居

2 中国传统民宅研究

中华大地幅员辽阔，中华文明历史悠久。在中国建筑历史长河中，不同的地理、气候、物质条件造就了种类繁多的民宅建筑类型。如北京四合院、徽州民居、江浙民居、福建土楼、晋陕窑洞、云南"一颗印"、东北井干式建筑等等。它们各具特色，在各自不同的环境和文化习俗下形成内涵丰富、体系成熟、有着惊人创造力的各类型民居建筑文化。虽然它们的建筑形式迥异，但是它们有一个共性，就是这些建筑有着与所处地域环境和谐共存的关系。无论是地方材料的运用，与气候的对应策略，还是建造的可持续性，以至于外在造型的形成都与特定的环境相适应、相依存。这种共生的关系体现了中国传统文化中对"和"的追求。"和"是中国传统文化追求的一种理想境界，正如《荀礼记·郊特性》所述，"阴阳和而万物得"。

胡家花园入口实景

2.1 民宅建筑

　　胡家花园原为祖籍徽州的明朝人胡琏所建，其后人胡简敬又多次扩建。据记载，园内广植奇花异木，为当地名园，当地人称其为"长淮名门第一"。

　　首先，本书将建筑研究的地域范围限定于徽州及江浙地区。古徽州下辖歙县、黟县、休宁、绩溪、祁门、婺源六县，境内青山环抱、绿水萦绕，古民居村落散布其间。江浙一带，历代都是中国最为富饶的鱼米之乡，该地区藏富于民，为民宅建设提供雄厚的物质基础，辈出的人才为民宅营造提升了高质的水准。

　　其次，建筑研究的时间跨度亦定为明清时期。明清时期是我国民宅建筑体系发展较为成熟的时期。

　　最后，研究的建筑属性定义为民宅建筑。中国古建筑的民居建筑相对于宫殿、坛庙和宗教建筑较少受到规制的严格约束，所谓"天高皇帝远"，这为民居建筑带来一定的创作自由，使得民居建筑能因地制宜、随意赋形，建筑造型复杂多变、丰富多彩、不拘一格，与自然环境相得益彰，从而形成中国古建筑所特有的"民居之美"。

　　我国民宅建筑千变万化，然而它的形成无外乎与"天""地""人"三者相关。

2.2 天

天主要指地域的气候特征、南北纬度差异、日照时间、角度对建筑的影响。徽州、江浙地区属亚热带季风气候，建筑学上属于冬冷夏热地区，四季分明，气候温和。由于处于过渡型气候特征地区，南北冷暖气团频繁交汇于此，故天气多变、降水充沛。

我国的民居建筑有着各自不同的适应气候的建筑策略。如北京的合院建筑，由于地处北方，冬季寒冷，故其建筑围护墙体异常厚实，房屋北面、西面一般不开墙洞，以降低墙体的导热系数，并且屋内设炕取暖。徽州及江浙地区夏雨集中，梅雨反复绵长，故建筑平面布局多考虑如何自然通风，并利用冷热空气压差原理，平面精心布局，建筑立面前后开窗，在院墙上亦开有花窗、漏窗，有序组织穿堂风，形成屋内空气对流，以减少空气湿度，提升居住的舒适性。但同时又采取设屏风等手段，尽量避免风水学上所谓的"穿堂煞"。

平面布局上，也是由于雨季连绵，合院不同于北方干旱地区，正方厢房相互脱开而置，而屋面勾搭相连，遇雨而不湿，即所谓的"雨天不湿鞋"。院落的平面尺度上，也反映出气候、日照对建筑的影响。皖南、江南称院子为天井，顾名思义，其尺度比北方大院要小。北方地区因冬季太阳高度角小，大院里前后屋间距较宽，有利于冬季的日照采光。

而处于南方的皖南、江浙地区，院落布局紧凑，尺度小巧、亲切，一方面提升了土地的利用率，另一方面小天井有利于夏季的遮阳、隔热和通风、拔气作用。皖南天井周边披檐往往都是单坡内排，雨水口排往内天井，这种做法视水为财、财不外泄、四水归堂、财不外露。由于单坡会造成围合墙体很高，外观上更体现了徽派院落的封闭性。

院落尺度大小还与房屋正堂进深大小关联。一般皖南正房正间内设太师壁，下置条案，条案正中置长鸣钟，两侧为花瓶，壁上挂条幅。长鸣钟寓意"长命"，花瓶寓意"平安"。太师壁前为堂屋"穴眼"，此位置能望见前檐与侧堂屋脊间的一条天空线，谓之"过白"，以此关系确定前院尺度大小。

皖南民居建筑的屋面构造做法亦与北方寒冷地区有较大差别，一般做法为檩条承椽上铺望板式竹篾直接排瓦，屋檐单薄透气。北方地区建筑屋面为了保温做得比较厚实，瓦下施加较厚的灰土垫层，以提高屋面的保温性能，同时也有利于屋面找曲线。

2.3 地

地即地形、水土及地产对民居建筑的影响。

徽州地区地形以丘陵山地为主，河塘环布，适宜建造的大块平坦用地不多，建筑选址往往都是在坡地和盆地上。坡地建筑着重地形高差的处理，其主要手法是将建筑设在不同标高的屋台之上，建筑屋面随形就势展开，平面布局顺应等高线展开，也就是使建筑屋脊平行于等高线，这种手法减少土方量，节约造价，使建筑与地形地貌相融合。

布局上遵循"前低后高"，即南向院落标高较低，越往后标高越高，这种做法满足建筑采光的要求，民间风水上谓之"步步登高""前低后高，子孙英豪"，代表了家族的兴旺。

"地"还包括相地，即民居选址。在建筑选址规划中，古代相地比较注重风水学说，按易经、阴阳八卦学说，阳宅择地往往是依山傍水，主要风水吉地都符合"山面水，负阴抱阳""前有照后有靠"的说法。主体建筑坐北朝南、向阳而居的原则，《说卦传》有"圣人南面而听天下，向明而治"。这些风水说法往往具有建筑与自然环境相和谐的科学依据，如我们所熟知的呈坎、唐模、棠樾、宏村等古村落，依据风水学说布局村庄。

地方材料对建造也有较大的影响。徽州地区盛产茶叶，同时松、杉、樟、竹等植被茂盛，这些材料都为民居的木构承重的结构体系提供了可持续的建筑原材料。松树、杉树等都是速生树种，它们加工而成的木材变形小、易加工，可就地取材，可取代造价昂贵、日益匮乏的硬木。木构架又以穿斗式为主，这种结构形式既使建筑的平面布置灵活，又可预制拼合。个别重要的主体建筑如正房、堂屋因需要较大空间，采用梁柱结构尺寸较大的抬梁式结构体系。

本地出产的砖、木、石应用于建筑装饰及细部处理中，并成为三雕艺术品。可广泛运用于建筑的梁、枋、门扇、柱础、栏板等重要部位，提升了建筑的艺术效果，体现了民居建筑的地方特色。

2.4 人

"天时不如地利，地利不如人和。"民宅建筑的"天""地""人"三者中，"人"的因素起了决定性作用。人的思想、社会关系对建筑的影响深远。

自汉武帝"罢黜百家，独尊儒术"，儒家思想逐渐位居历代中国文化的正位，至明朝社会基层组织由宗族控制，制定了"族规""乡约"等详细制度，来约束大众的行为及价值观。儒家的礼教所形成的礼制以法的形式维护着宗族、社会的等级观念。

"仁而有序。"封建礼制等级观念强调君臣关系、父子关系、官民关系，"三纲五常"。这种强调伦理秩序的礼教等级观念也反映到建筑上。

1. 强调等级秩序，尊者居中的原则

徽州院落的基本单元为"三间两搭厢"，即正房朝阳三间，其中明间作为堂屋，是民宅的核心公共空间，它装修用料最为考究，大型民宅堂屋都挂有"堂号"，正房次间为主人或上辈卧室；两侧厢房为儿孙辈卧室。如有倒屋则为仆人用房。正房用料最为考究，屋脊最高，内部空间最大。这些都体现了尊者居中，不中不尊的观念。又如北京紫禁城中轴，中央置三层台基之上的太和殿（皇极殿）为整个空间序列的高潮，是整个紫禁城的主体建筑。

封建礼制对不同类型等级建筑的开间、进深、屋顶样式、建筑的色彩等也有着严格的规定和限制，不得僭越。

2. 中轴对称，有序发展的原则

大户人家经济富裕，往往以合院为基本单元，根据功能发展成群。以南北为纵轴，纵向扩展成若干进大小不一的院落，形成"庭园深深深几许"的空间格局。这种南北纵轴发展的多进院落空间称为"路"，大型住宅建筑随时间往东西向扩展成纵向多路院落，形成跨院，各路间留有夹弄，为功能性甬道。

3. 内外有别的原则

多重的院落在功能上大致分为前院和后院，前院为接待、礼仪等公共空间，主体建筑为前述之堂屋，后院为家庭专属空间，前后院有严格的空间限定。"大门不出，二门不迈"之二门即为前后院间的界面。院落的设置维护了男女有别、内外有别的礼教思想，以封闭的内向空间保证家族的私密性和防御性，也是一种封建社会自给自足的生活方式的反映。

胡家花园原址建筑物

3 胡家花园探寻

3.1 项目原址

　　胡家花园位于江苏省宿迁市沐阳县新河镇周圈村，地处沂沭泗水下游，属鲁南丘陵与江淮平原过渡带。

　　新河镇处于花乡旅游休闲带，为花木特色镇。周圈村坐落在新河镇南首，岔流河、新沂河、老沙河三面环绕，村内板栗、银杏等古木繁多，树林荫翳、曲径通幽，村庄翠围屏障、风光秀丽、景色宜人，花木绰约中可见幢幢楼房、别墅人家，其中周姓居民较多，周圈因而得名。

　　新河水势龙脉，岔流古道青龙卧，胡家花园毗邻岔流河南畔，为风水宝地。周边资源有古栗林、普善寺、新河老街、述阳植物园等人文资源。

民居

136m

19~22m

民居

7m宽主路

岔流河

N
综合场地现状图

古栗林

沐阳植物园

普善寺

胡家花园

岔流河

N
区域宏观分析图

区位信息

3.2 场地现状

胡家花园东侧毗邻岔流河，北部池塘宽19~22米，长136米，不与岔流河贯通，东、西、南临村内水泥路，南侧道路为主路，宽7米，花园内部仅一条2米宽工作通道。胡家花园北部为周圈村民居，场地南侧有一栋四层的工业厂房待改造，胡家花园内民居待拆迁。

值得一提的是胡家花园的花木资源，场地内植物品种丰富，以苗圃式密集种植，乔木总体规格偏小，树桩盆景价值较高；北部水塘周边形成自然湿地植被群落。

胡简敬在康熙初年回乡守孝，大修亭台楼阁，广植奇花异草，并带回康熙御赐的地柏盆景"万花之魂"、镇园之宝"卧牛望月"，已有近400年历史。

"卧牛望月"：由地柏加工而成，松桩有较大云片60多个，每个云片有近40个菱形方孔，片片交映，孔孔相连。

"二龙戏珠"：为柏科棘柏类，"二龙"各有2.5米长、球（珠）径1米，其状栩栩如生，其叶四季常青。

现状照片

4 设计指导思想

1. 设计定位

以胡家花园为依托，挖掘文化特色，因地制宜布局山水、建筑及园林空间，变昨为今，化板成活，使其成为沭阳集园林游憩、文化体验、娱乐休闲于一体的综合性文化景点。

2. 设计目标

胡家花园秀，淮海第一家。

3. 设计理念

承载胡氏文人园林；

彰显徽派建筑特色；

藏风汇水聚英气，人杰地灵显文脉。

小池兼鹤净，
古木带蝉秋。

蕉叶半黄荷叶碧，
两家秋雨一家声。

4. 设计策略

风水为骨—— 引水入园，因势赋形；

文化演绎—— 多元传承，气韵生动；

空间营造—— 一池三岛，精在体宜。

烟云渺
变化，
宇宙穷
高深。
怀古壮
士杰，
忧时君
子心。
寄言尘
中客，
莽苍谁
能寻。

朱喜

鸟瞰图

5 总体布局与景区构成

夜景鸟瞰图

5.1 总体布局

东宅西园——疏能跑马，密不透风。

在中国传统大宅院的建造中，一般"宅"和"园"是分开布局规划的。

"宅"的部分布局规整，讲究秩序、等级，强调伦理观念，体现了传统儒家文化特色。

在建筑布局上中轴对称，主次有别，层层推进。

建筑单体内敛而规整。

"园"的部分与之相反，布局轻松，道法自然，追求一种脱离现实世界的虚幻空间。

园子成为古代士大夫阶层逃避现实、悠游终老之所，反映出传统道家文化的出世哲学，体现了古代文人的美学思想。

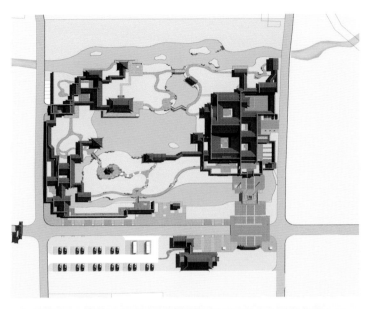

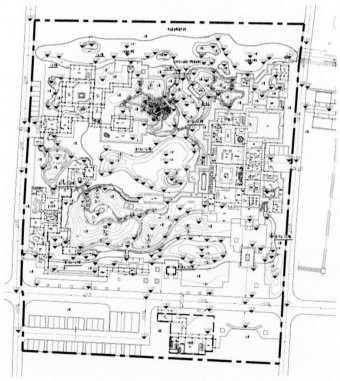

胡家花园手绘及总平面图

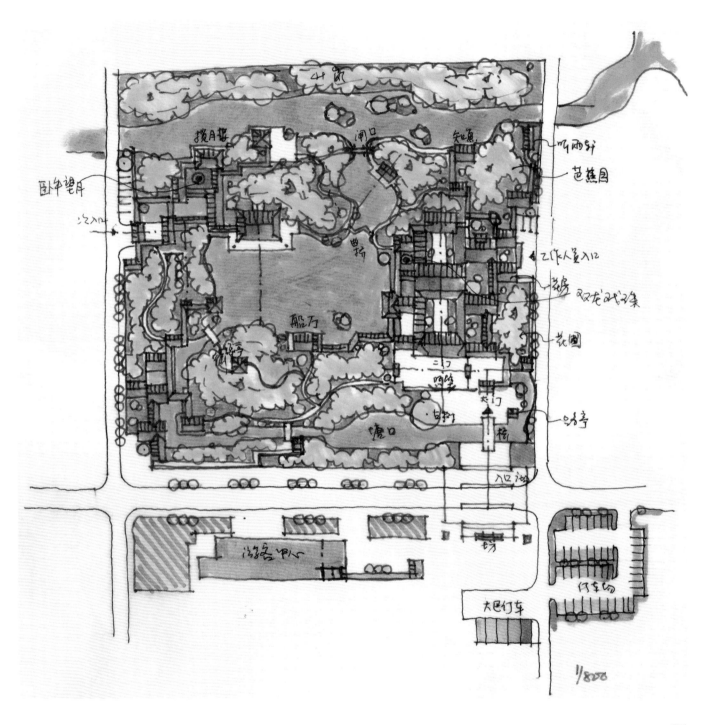

5.1.1 交通组织

主要出入口设于东南侧，临靠外围主干道，次要出入口位于西侧，工作人员出入口位于东侧，与主体建筑沟通。南部设置集中式停车场。

环线围绕中心水体，园路、曲廊、桥、庭院与各景点沟通，主要园路宽 1.5 米，次要园路宽 0.8~1.0 米。外围道路兼具消防通道功能。

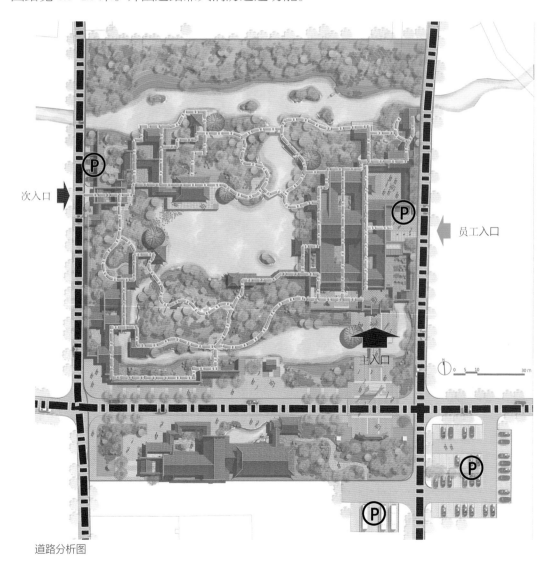

道路分析图

5.1.2 景观视线

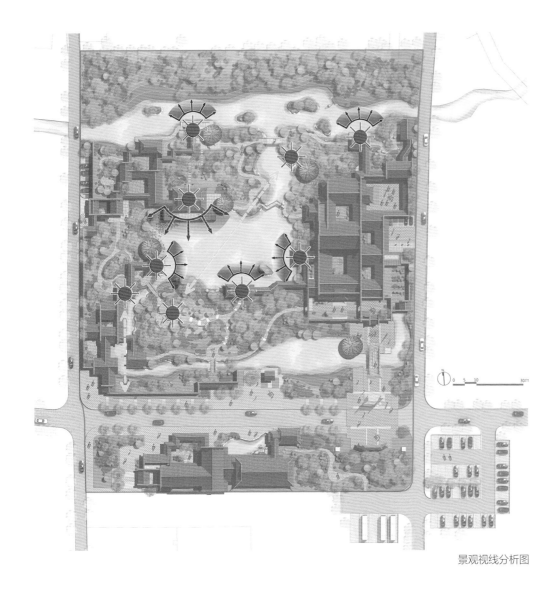

景观视线分析图

5.1.3 竖向设计

维持原地形平坦的特征，营造微地形，凸显园林咫尺山林的意境。

"南山"为土石山，相对高差2.4米，开阔临水，"中山"低缓，三面为建筑围合，私密宁静，"北山"隆起3米形成北部边界。

建筑群落组合注重竖向变化，形成与植物呼应的起伏轮廓线。

雨水自然汇入中心水体及南北水系。

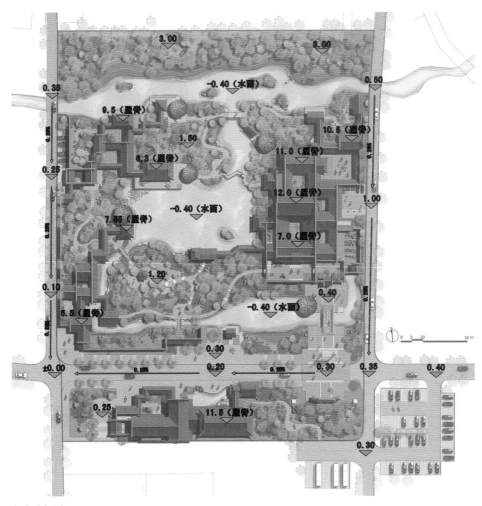

竖向分析图

5.1.4 老构件范围图

5.2 景区构成

5.2.1 胡氏文化体验区

胡氏文化体验区展示胡氏家族历史，提供戏曲演艺平台，兼具小型餐饮与后勤管理功能。主入口承袭徽州地方水口文化特色，由枕流桥引导入园，入口轴线与临街呼应，建筑主轴偏于东侧；建筑平面布局为具有徽派特征的传统合院形式，建筑群形成两路三进布局；西路由轿厅、正厅、后厅构成，形成家宅主轴；东部结合花圃、工作人员入口及戏台组合多组院落。将"二龙戏珠"一景纳入临水院落，谓之"古木轩"，东品古木，西赏新荷。

5.2.2 园林文化休闲区

园林文化休闲区荟萃传统山水园美学特征，传达园林文化意境，具有观景游憩、盆景展览与茶饮会晤功能。

5.2.3 综合服务区

综合服务区具有游客接待与停车功能；东侧游客中心具有游客接待、小型售卖功能，与主入口呼应；西侧集中停车。

园林文化休闲区

胡氏文化体验区

综合服务区

景区分区图

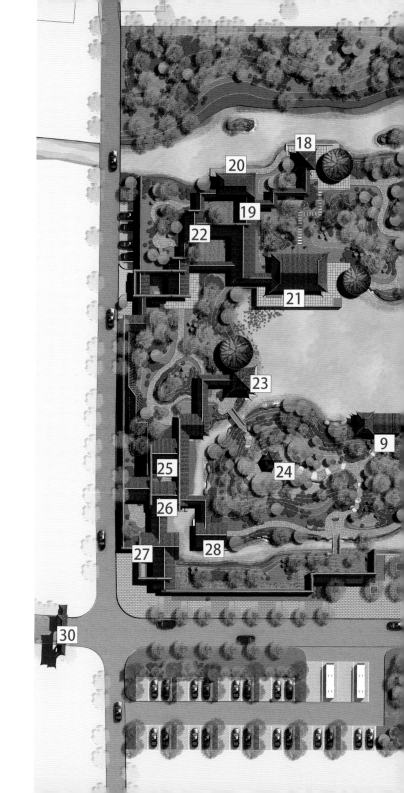

建筑分布总平面图

1. 胡宅
2. 轿厅
3. 三进堂
4. 立雪堂
5. 洗砚亭
6. 清音阁
7. 复棋水阁
8. 西苑
9. 落雁舫
10. 浣溪亭
11. 南津书院
12. 藏书阁
13. 文渊斋
14. 舆归堂
15. 乐艺轩
16. 柳浪晚渡
17. 松桩瑰宝
18. 待春亭
19. 静寄轩
20 揽月楼
21. 香莲斋
22. 涵秋房
23. 暗香阁
24. 畏寒亭
25. 花神堂（北厅）
26. 花神堂（南厅）
27. 品芳斋
28. 闻梅轩
29. 游客中心
30. 入口牌坊
31. 大照壁

5.3 建筑设计

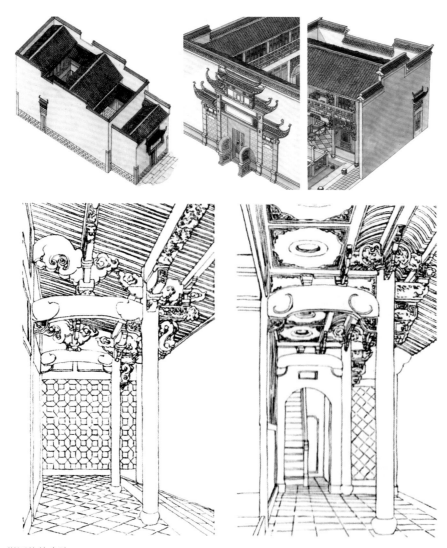

徽派传统合院

5.3.1 胡氏家宅建筑特色

建筑群采用两路三进布局，布局以中轴线对称分列，中为厅堂，两侧为室。建筑材料以砖、木、石为原料，建筑结构以木构架为主。建筑装饰方面，采用徽州传统砖、木、石雕工艺，如砖雕的门罩，石雕的漏窗，木雕的窗棂、楹柱等，使整个建筑精美如诗；不同部位有不同的装饰，同时注意疏密关系及表现的重点，充分体现徽派民居的精华。

5.3.2 园林建筑

园林借助游廊，使宅院与花园景致联系，相互渗透，融为一体。

花园建筑小巧精致，多置水榭、花台、亭阁，游廊环绕、洞窗借景；以水面为中心布局，使园内依水营建的亭、阁、轩、榭等建筑及建筑空间比例层次关系协调；以水作衬托，又显出建筑的灵巧与浑厚。

5.4 东宅（胡氏家宅建筑群）

建筑平面布局采用传统徽派合院形制，建筑以两路三进布局，以中轴对称分列厅堂。功能上东路为后勤辅助部分，设有厨房、仆人房、外宅、立雪堂（私塾）及戏院等。

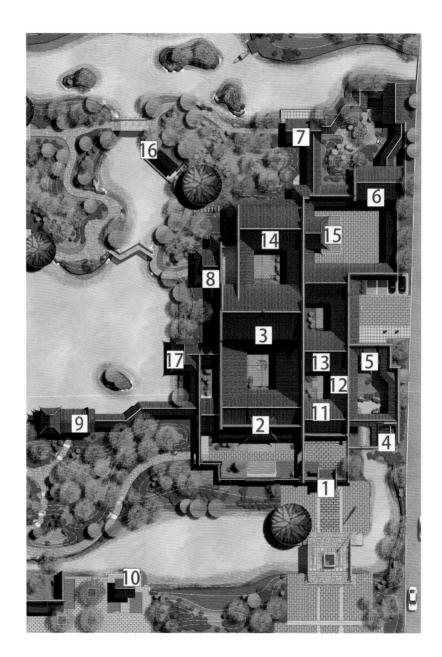

1. 胡宅
2. 轿厅
3. 三进堂
4. 立雪堂
5. 洗砚亭
6. 清音阁
7. 复棋水阁
8. 西苑
9. 落雁舫
10. 浣溪亭
11. 南津书院
12. 藏书阁
13. 文渊斋
14. 舆归堂
15. 乐艺轩
16. 柳浪晚渡
17. 松桩瑰宝

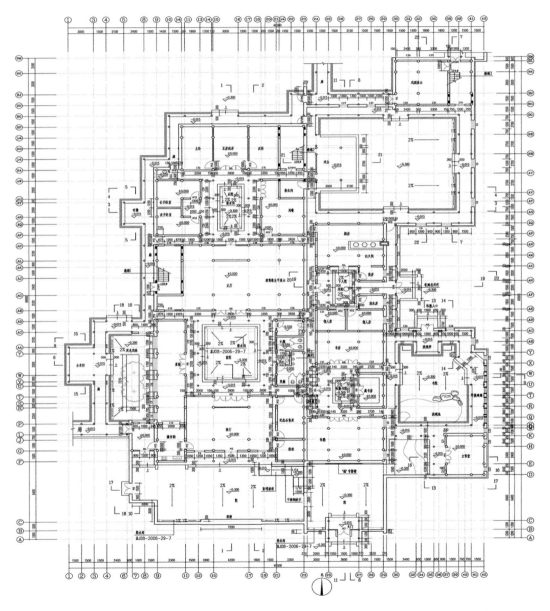

胡氏家宅一层平面图

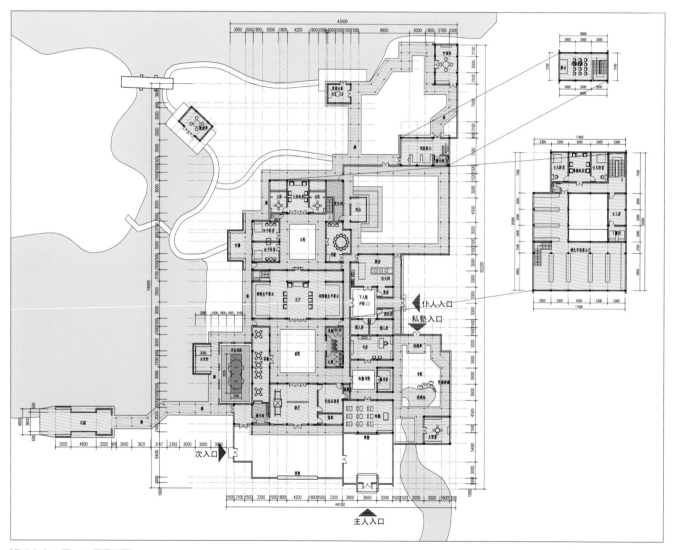

胡氏家宅一层、二层平面图

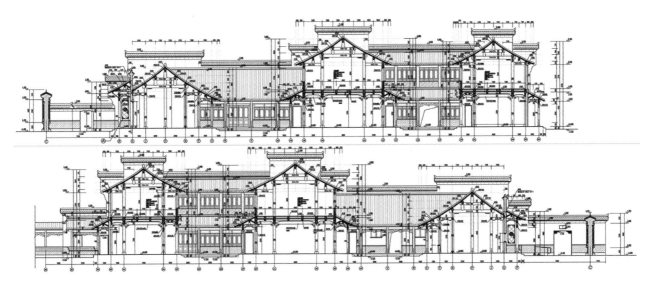

胡氏家宅剖立面图

胡氏家宅西面全景图

胡氏家宅屋顶航拍图

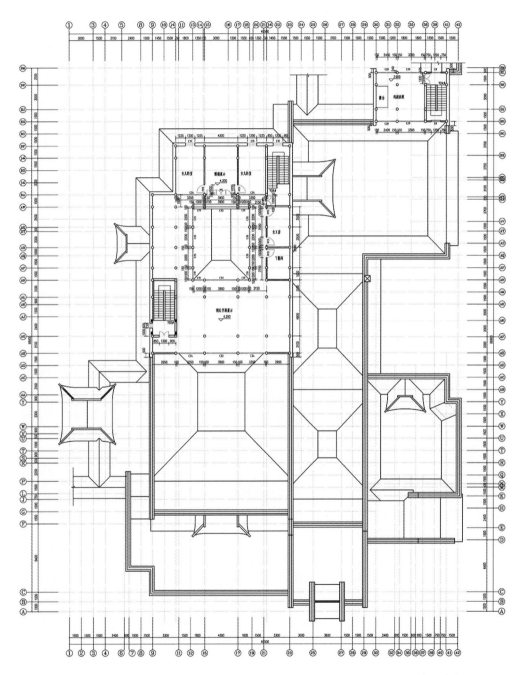

胡氏家宅屋顶平面图

胡氏家宅立雪堂（私塾）效果图

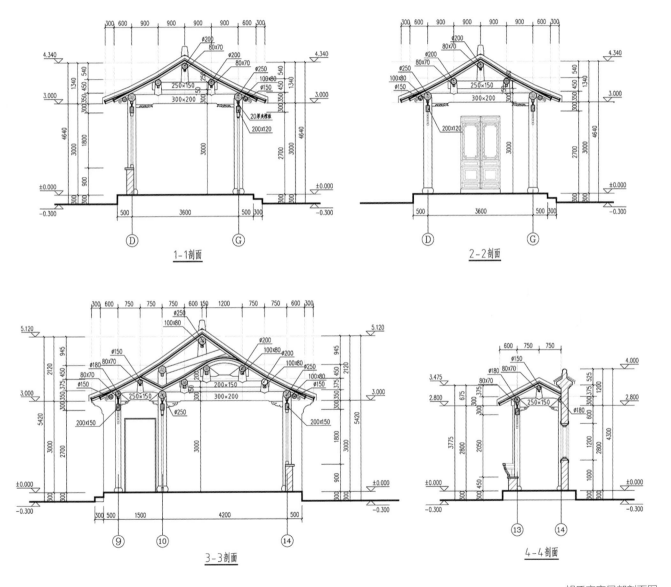

胡氏家宅局部剖面图

　　西路为内宅部分，分为前后院，由轿厅、正厅、后厅构成东宅主轴，前院为接待礼仪厅堂，后院为主人私密性生活起居厅舍。东西两路以夹弄相连。

胡氏家宅轿厅效果图

胡氏家宅轿厅

胡氏家宅入口

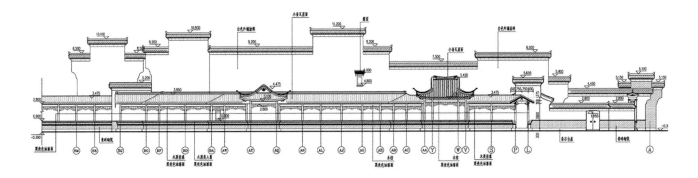

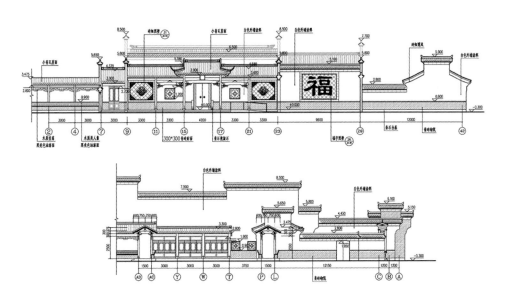

胡氏家宅西立面、剖面图

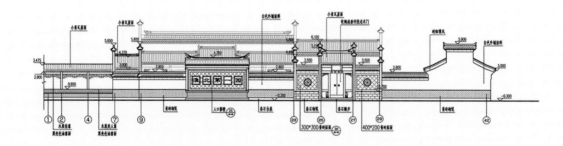

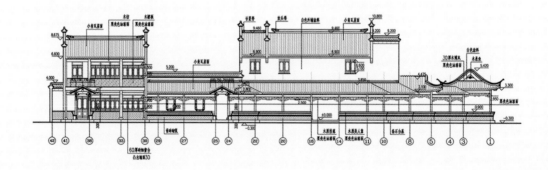

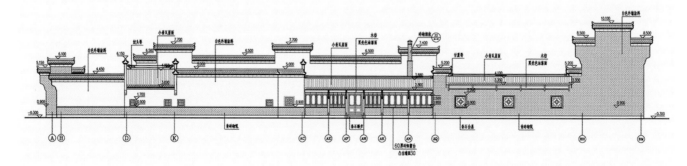

胡氏家宅南、北、东立面图

文渊斋实景

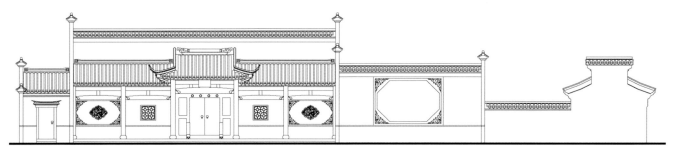

胡氏家宅入口立面图

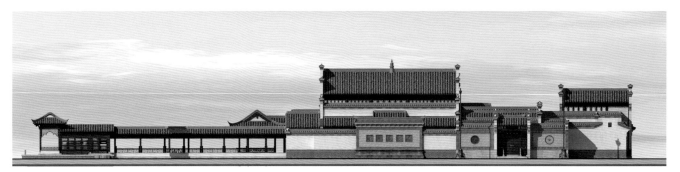

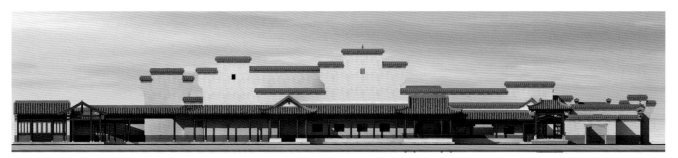

胡氏家宅南、西立面效果图

胡氏家宅夜景效果图

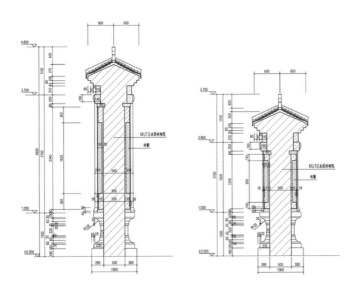

马头墙大样及效果图

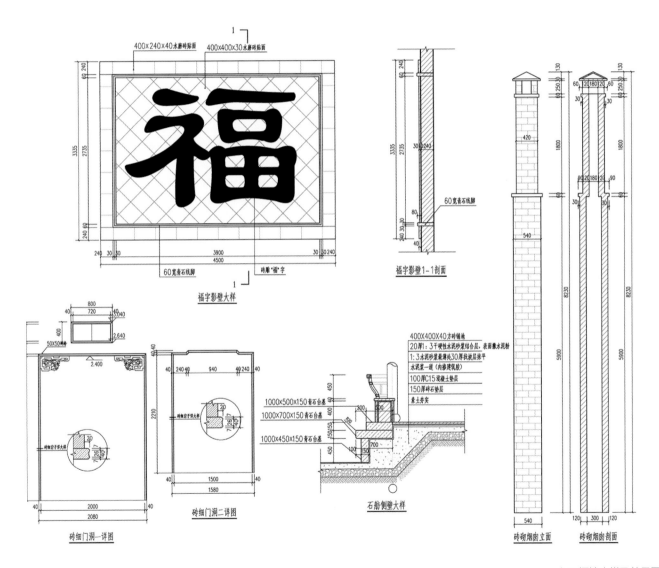

入口福墙大样及效果图

落雁舫效果图

落雁舫实景

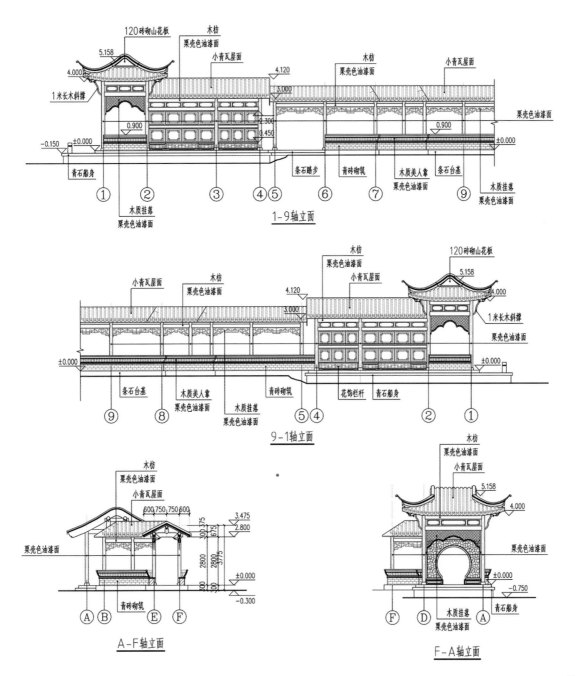

1-9轴立面

9-1轴立面

A-F轴立面

F-A轴立面

落雁舫立面图

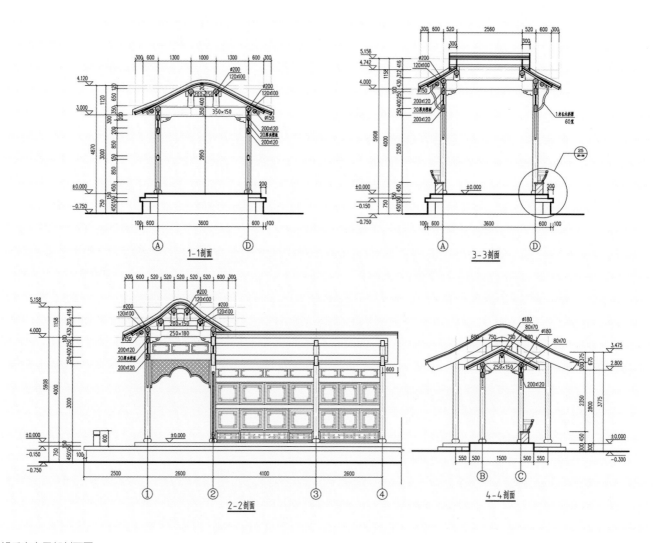

胡氏家宅局部剖面图

胡氏家宅洗砚池

5.5 西园

所谓"因"

　　即根据现场的特殊情况和问题，针对性地制定相应策略，以解决问题。这种针对性自然地反映出了项目的特质，有利于造园的意境打造。

因木成园

不离"水"

　　胡家花园利用园外河道之水利泵房及调蓄水闸引东部岔流河水入园，并调控水位、水质，因水成园，形成全园流动性脉络。

因水成园

曲溪问梅景区实景

5.5.1 总体布局

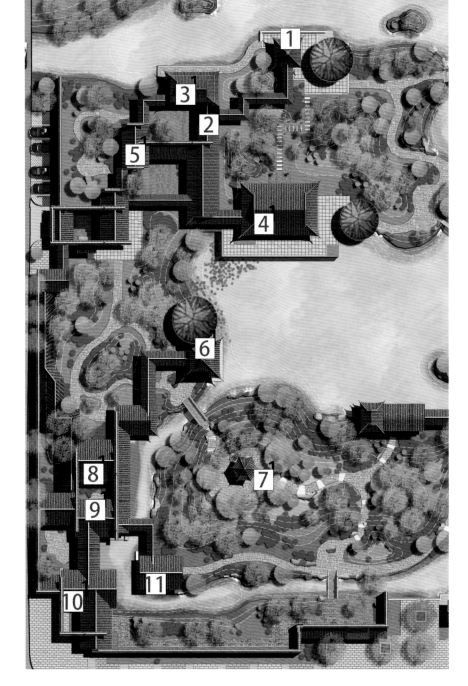

1. 待春亭
2. 静寄轩
3. 揽月楼
4. 香莲斋
5. 涵秋房
6. 暗香阁
7. 畏寒亭
8. 花神堂（北厅）
9. 花神堂（南厅）
10. 品芳斋
11. 闻梅轩

5.5.2 丛桂揽月

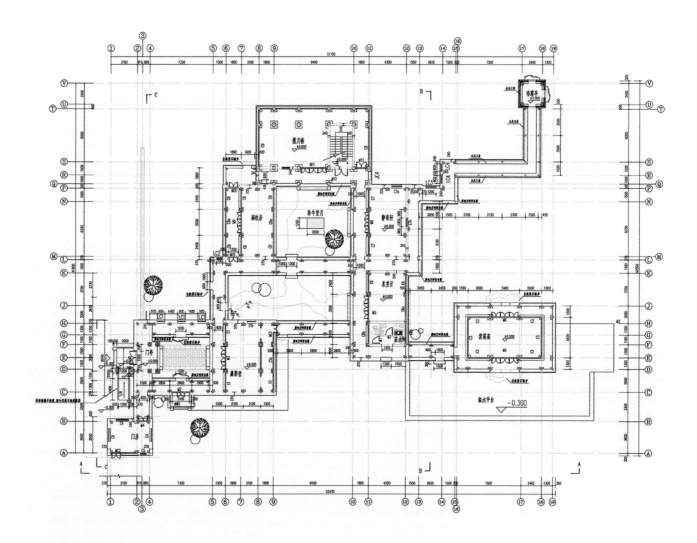

丛桂揽月景区平面图

丛桂揽月航拍照

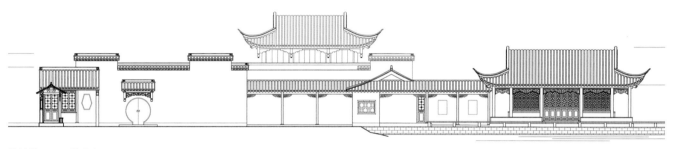

丛桂揽月景区临水立面面

丛桂揽月景区效果图

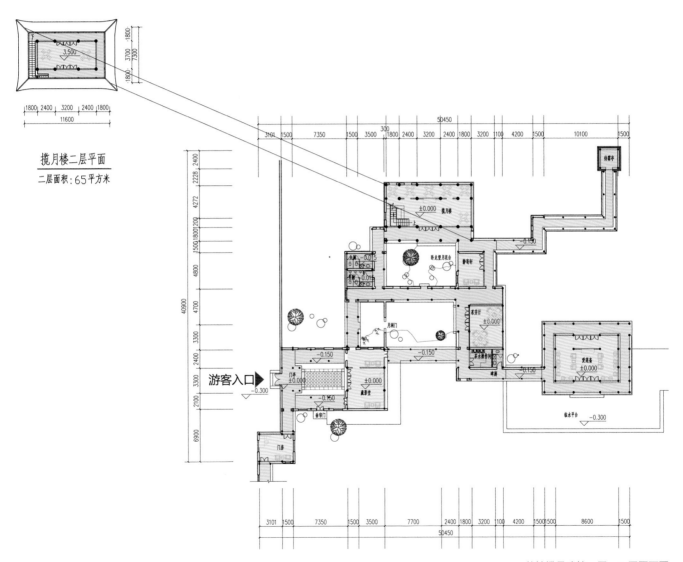

揽月楼二层平面

二层面积：65平方米

游客入口▶

丛桂揽月建筑一层、二层平面图

丛桂揽月景区院内实景

香莲斋效果图

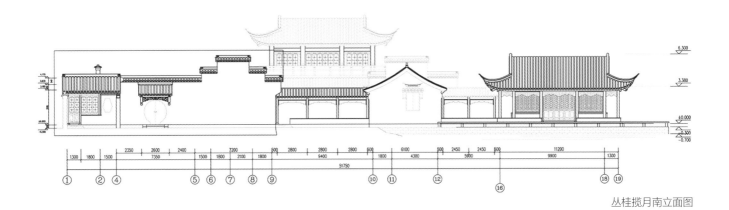

丛桂揽月南立面图

香莲斋实景

揽月楼实景

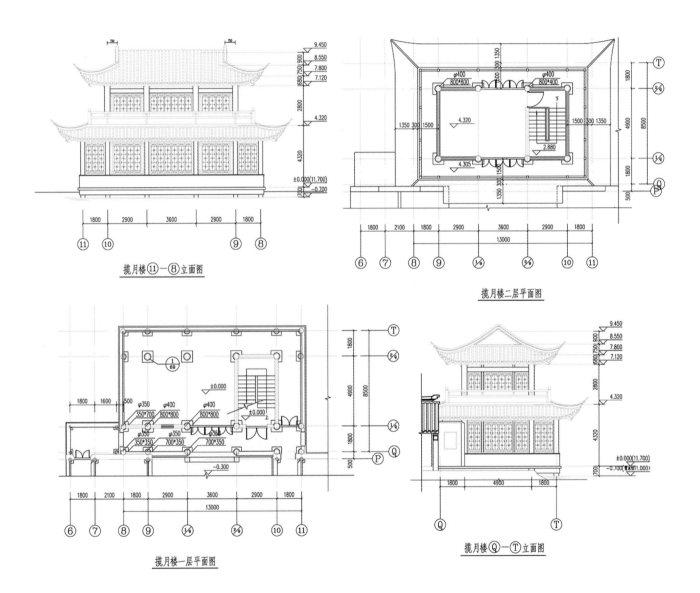

揽月楼⑪—⑧立面图

揽月楼二层平面图

揽月楼一层平面图

揽月楼Ⓠ—Ⓣ立面图

揽月楼平面、立面图

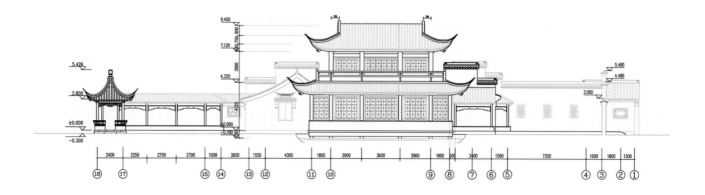

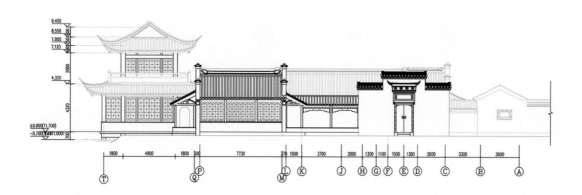

揽月楼剖立面图

揽月楼院内（卧牛望月）实景

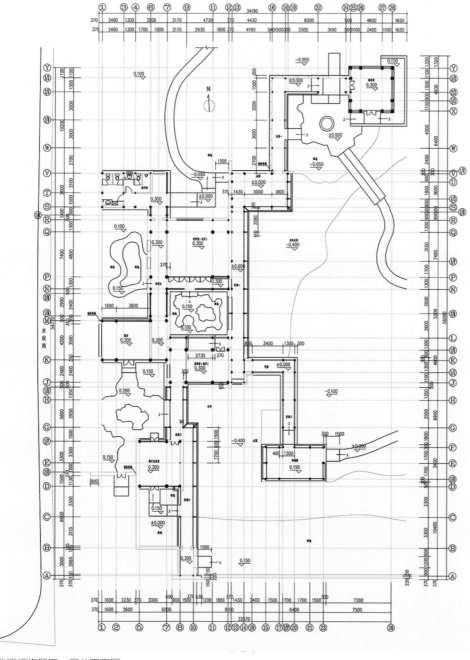

曲溪问梅景区一层总平面图

5.5.3 曲溪问梅

闻梅轩实景

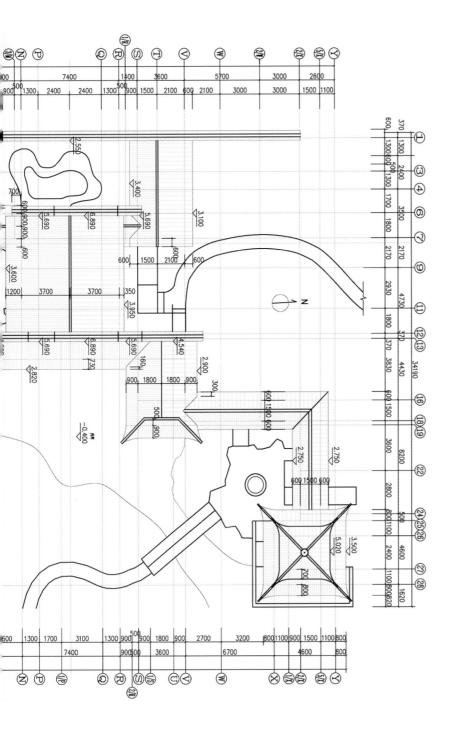

曲溪问梅景区屋顶总平面图

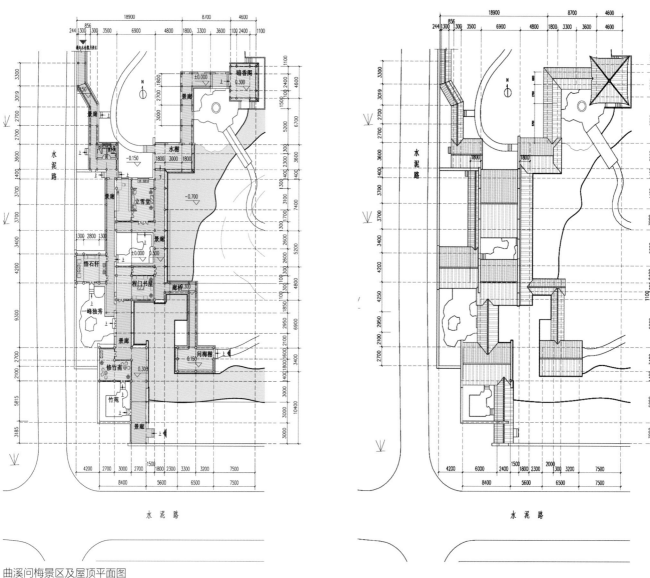

曲溪问梅景区及屋顶平面图

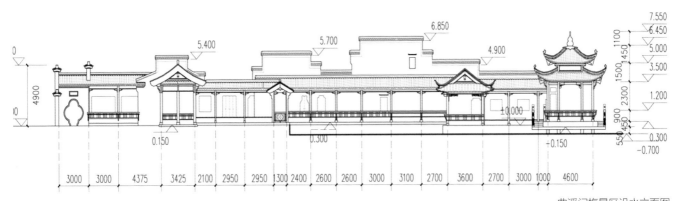

曲溪问梅景区沿水立面图

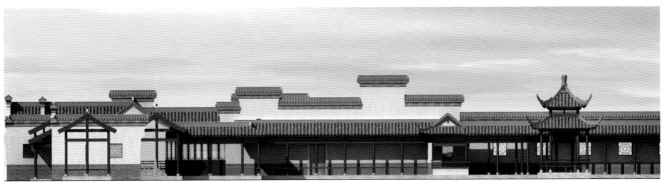

曲溪问梅景区东立面效果图

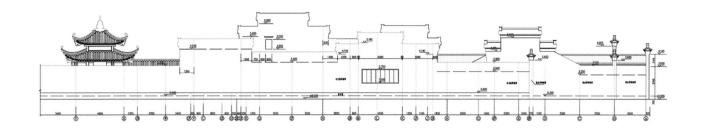

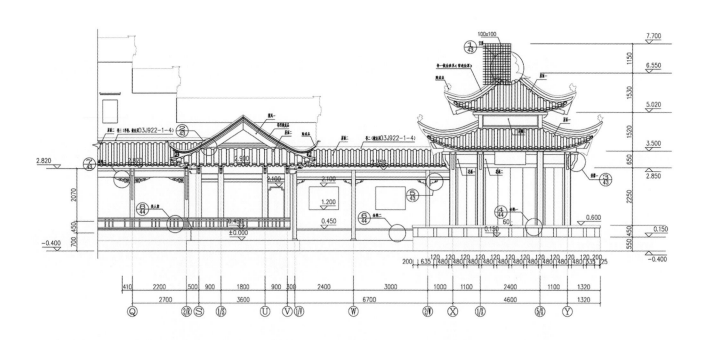

曲溪问梅景区西、南立面图

暗香阁实景

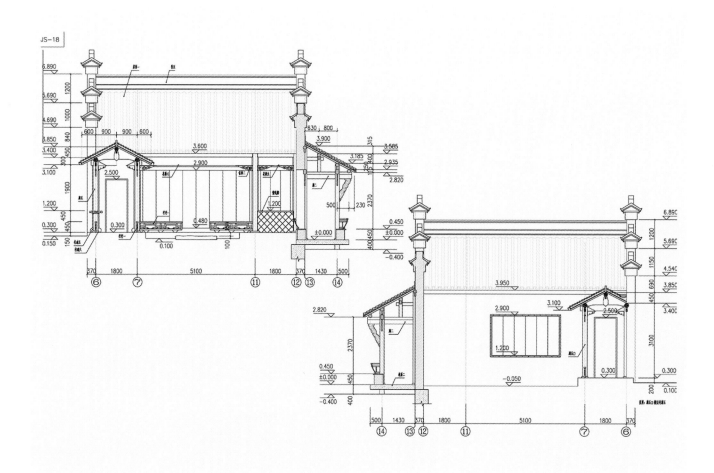

曲溪问梅景区局部剖面图

曲溪问梅景区局部实景

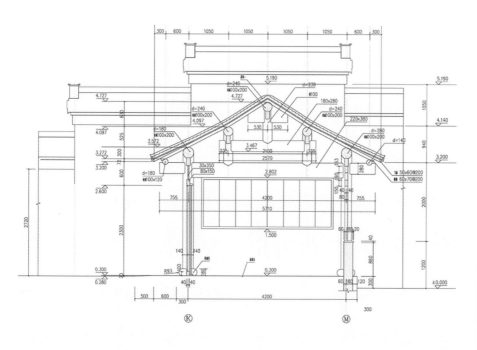

曲溪问梅景区局部建筑剖面图

曲溪问梅景区局部实景

闻梅轩实景

畏寒亭实景

闻梅轩实景

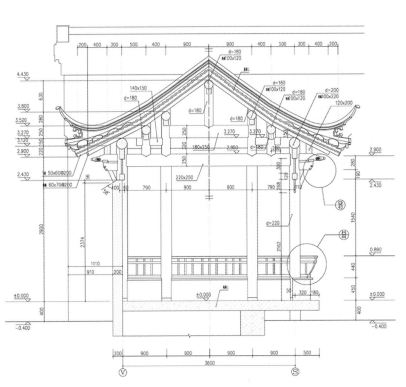

闻梅轩剖面图

5.5.4 次入口

次入口

浣溪亭

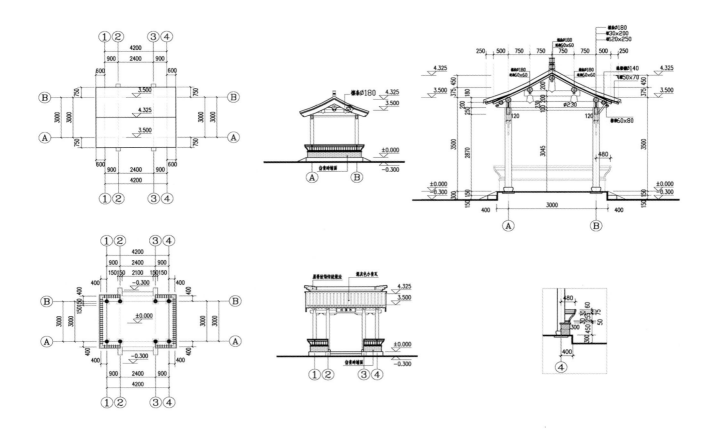

浣溪亭详图

5.6 游客中心

东侧游客服务中心具有游客接待、小型售卖功能，与主入口呼应，西侧集中停车。

建筑面积为 406 平方米，可停 30 辆小车，4 辆大巴。

1. 照壁　　　　　　　2. 汽车停车位　　　　　　　3. 大巴停车位

沐水渔舟

柳浪晚渡

丛桂揽月

荷风四面

胡氏家宅

曲溪问梅

水满塘口

游客中心

景区分布图

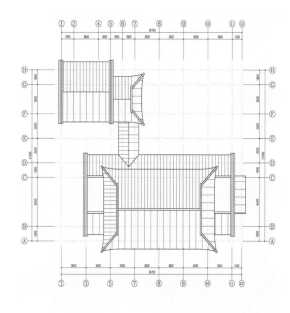

游客中心屋顶平面图

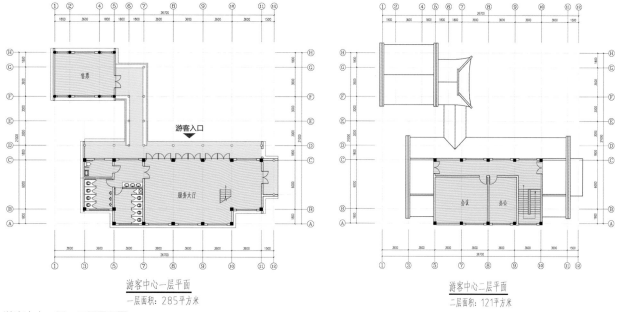

游客中心一层平面
一层面积：285平方米

游客中心二层平面
二层面积：121平方米

游客中心一层、二层平面图

游客中心效果图

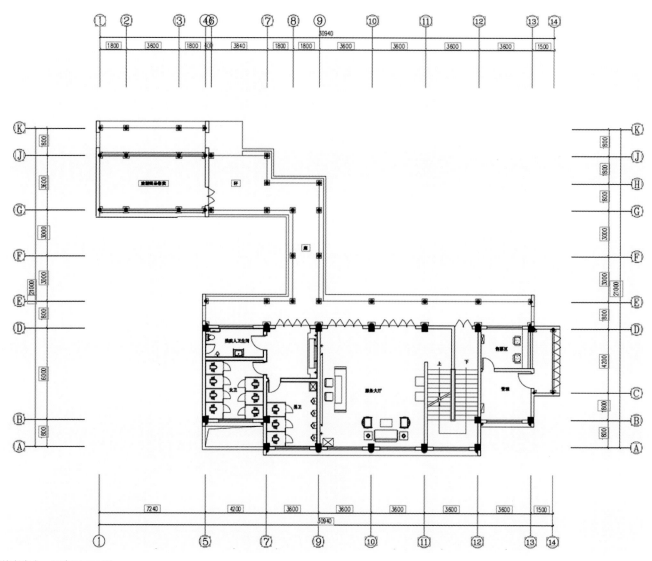

游客中心一层布置平面图

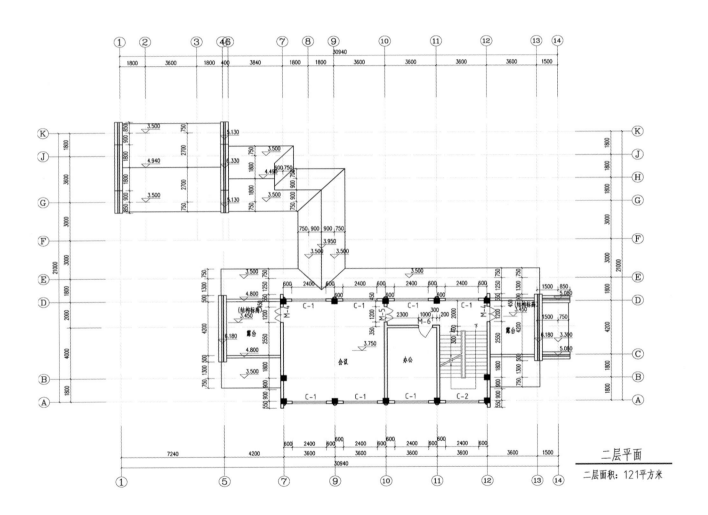

二层平面

二层面积：121平方米

游客中心二层平面图

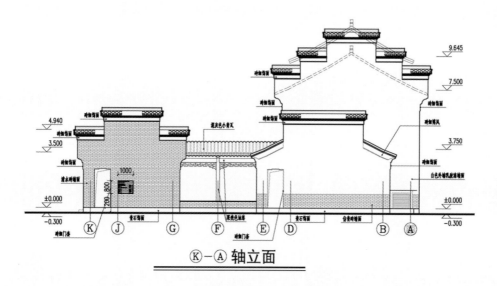

Ⓚ-Ⓐ 轴立面

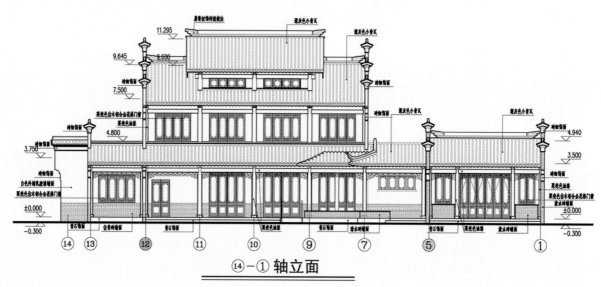

⑭-① 轴立面

游客中心建筑立面图

游客中心实景

5.7 室内及细部

5.8 文化展区

5.9 窗

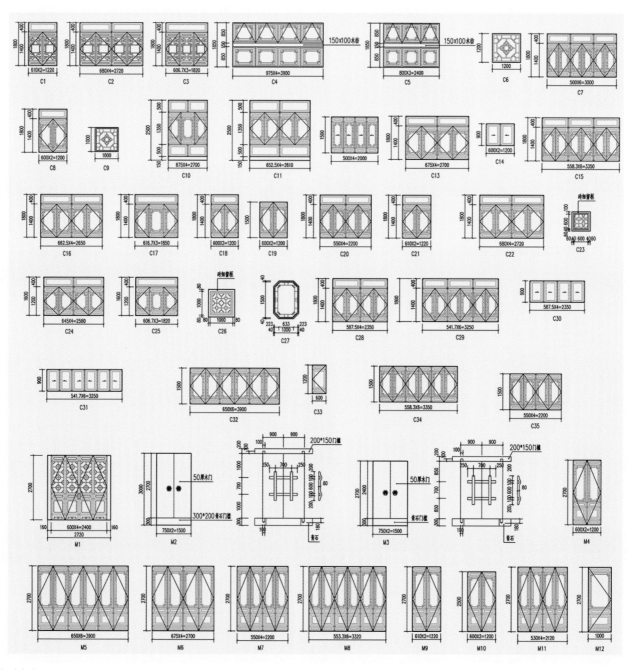

门窗细部图纸

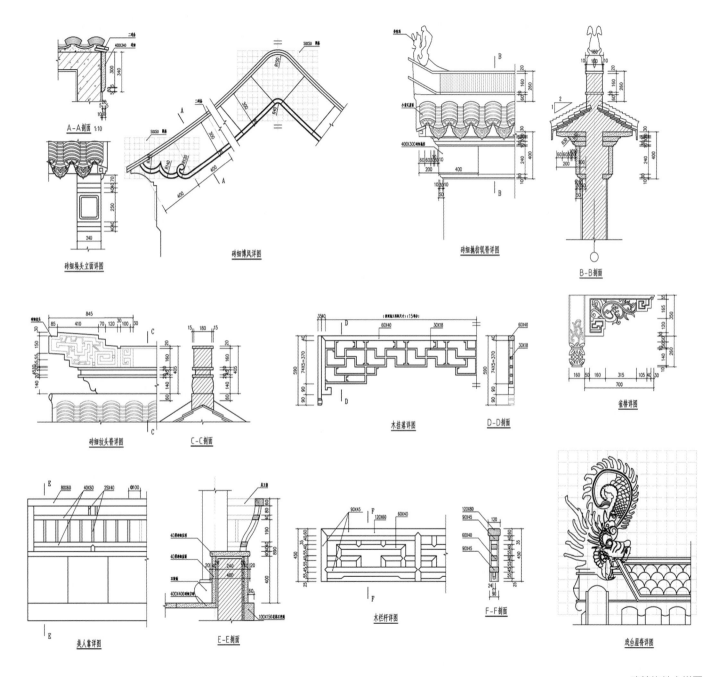

建筑构件大样图

5.10 木质结构

5.11 墙头细部

5.12 装饰

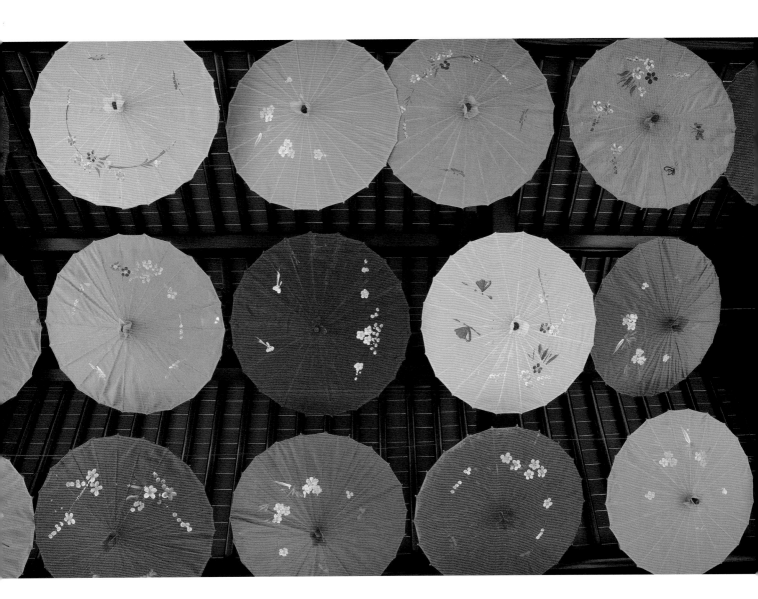

5.13 戏台

5.14 景观设计

5.14.1 景点分布

水满塘口

体现徽州水口园林文化特色，因借自然，设置小桥、牌坊，锁住财气。

胡氏家宅

再现胡氏徽派传统院落。

荷风四面

体现夏景，为主景区，就势引水，形成坐北朝南的主厅"爱莲斋"，视野开阔。

曲溪问梅

体现冬景，曲折的空间与主景形成对比，层次丰富，以梅花为主题。

丛桂揽月

体现秋景，结合揽月楼设"卧牛望月"庭，以桂花为主题。

柳浪晚渡

体现春景，以垂柳为主题，结合胡氏与吴承恩典故，设置芭蕉园。取自"沭阳八景"之"陈屯晚渡"。

沭水渔舟

形成外围生态河岸，自然而野趣。取自"沭阳八景"之一。

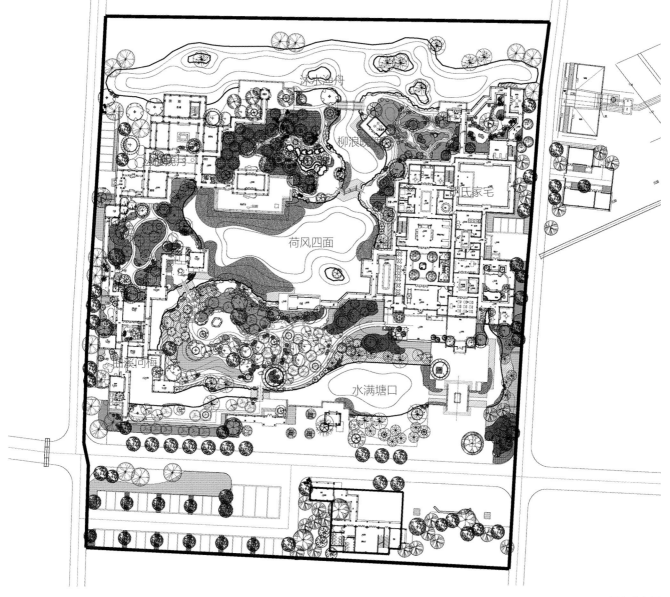

沐水逝舟

柳浪□□

□氏家宅

□□□月

荷风四面

□溪可桐

水满塘口

景点分布图

5.14.2 景观分区

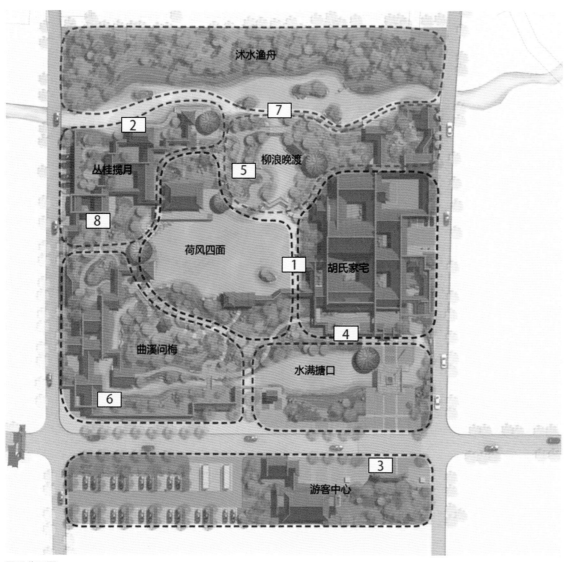

1. 二龙戏珠
2. 卧牛望月
3. 大照壁
4. 小照壁
5. 园林假山
6. 修竹斋
7. 进士桥
8. 状元井

景观分区图

景区西部实景

5.14.3 竖向设计

总体维持原地形平坦的特征，营造微地形，凸显园林咫尺山林的意境。

"南山"为土石山，其相对高差2.4米，开阔临水，"中山"低缓，三面为建筑围合，私密宁静，"北山"隆起3米形成北部边界。

建筑群落组合注重竖向变化，形成与植物呼应的起伏轮廓线。

雨水自然汇入中心水体及南北水系。

竖向平面图

5.14.4 植被设计

运用"画理、诗格、色彩、姿态"的传统配置方式，营造简洁、明净、意境深远的植物空间。

最大化利用现状植被资源。

镇园之宝"卧牛望月""二龙戏珠"与建筑院落相融合形成景点。

园林区域以历史记载胡家花园"十二花神"花卉为特色选择具有"雅、静、清、逸、飘"特质的植物种类，凸显植物文化。

5.14.5 山石设计

园内置石以黄石为主，其他景石为辅。

"南山"为土石山，以土为主，石仅点缀于顶部与山脚，错落有致与植物相掩映，山路为石蹬道。

水岸置石，曲岸叠石，以小石之形传大山之神，体现溪涧的自然意境。

庭院置石，单独成景，突出精品景石的姿态与神韵，与院墙、植物、盆景相结合。

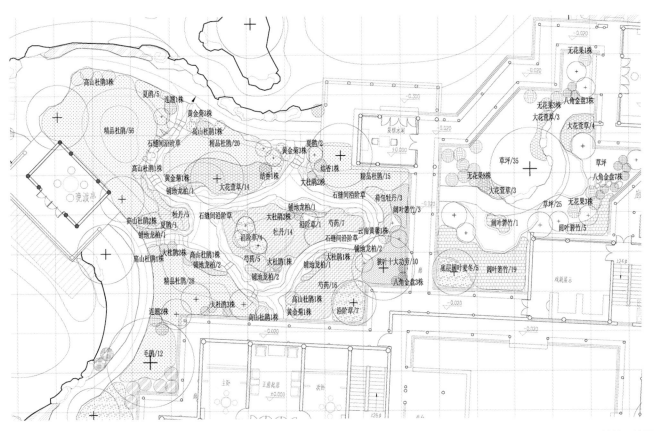

植被设计图

5.14.6 种植设计

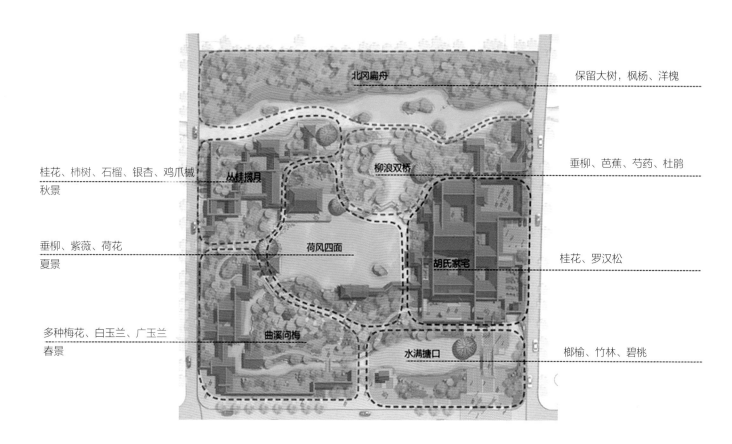

保留大树，枫杨、洋槐

桂花、柿树、石榴、银杏、鸡爪槭
秋景

垂柳、芭蕉、芍药、杜鹃

垂柳、紫薇、荷花
夏景

桂花、罗汉松

多种梅花、白玉兰、广玉兰
春景

榔榆、竹林、碧桃

北冈扁舟

丛桂揽月

柳浪双桥

荷风四面

胡氏家宅

曲溪问梅

水满塘口

5.14.7 水系——就势引水

水体形态——引岔流河水入园，与现状水塘相贯通，中心水面呈方形，环至东侧宅院前，形成"玉带"。

水岸形式——自然驳岸、石矶、黄石驳岸、平台驳岸，建筑柱、墙临水驳岸。

闸桥——置于北侧，控制调剂水位。

水质净化——构建水体原位生态系统，复合沉水及挺水植物发挥净化功能，放养锦鲤等虑食性鱼类和底栖动物，同时安装水质净化设备。

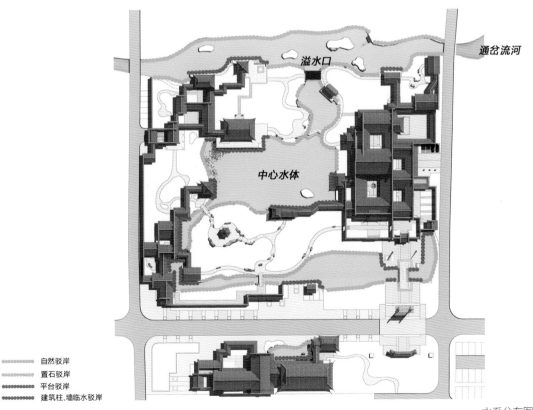

水系分布图

5.14.8 卧牛望月

卧牛望月由地柏加工而成，松桩有较大云片 60 多个，每个云片有近 40 个菱形方孔，片片交映，孔孔相连。为便于观赏，现植于"揽月楼"院内。

造园时保留此二木，以廊榭围合，成园中之园，百年古木、庭院、建筑融合为一，并赋予诗意，成本园一大特色。

卧牛望月花坛设计效果图

5.14.9 二龙戏珠

二龙戏珠为柏科棘柏类，二龙各有 2.5 米长、球（珠）径 1 米，其状栩栩如生，其叶四季常青。为便于观赏，现植于"松桩瑰宝"院内。

5.15 大照壁

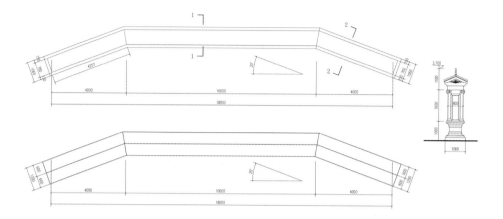

大照壁效果图

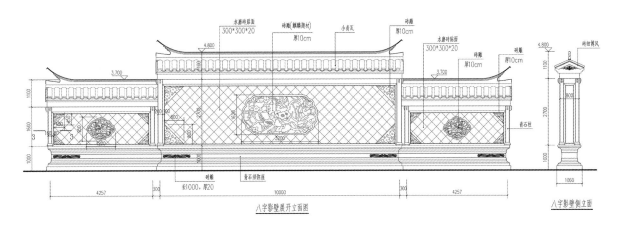

八字影壁展开立面图 八字影壁侧立面

大照壁建成照片

5.16 小照壁

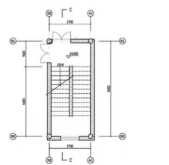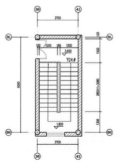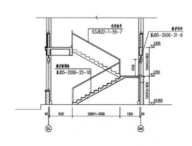

小照壁效果图

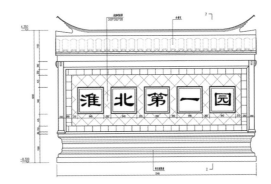
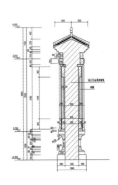

小照壁建成照片

5.17 园林假山

假山实景照

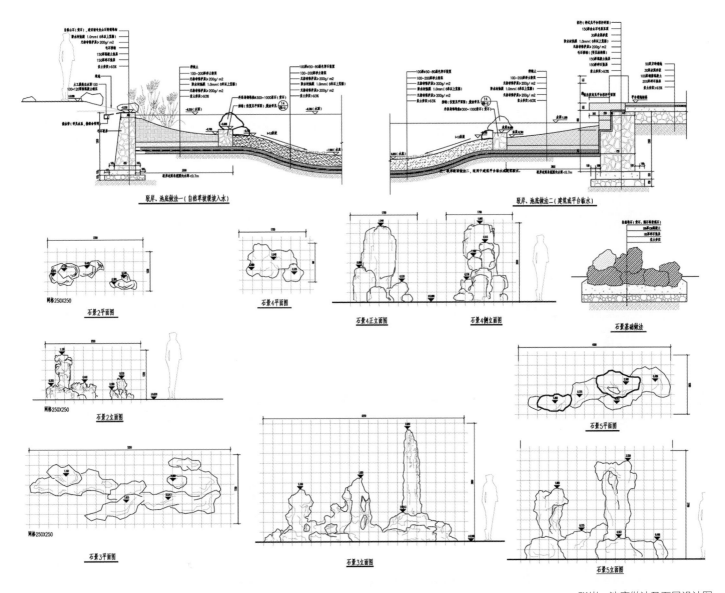

驳岸、池底做法及石景设计图

5.18 修竹斋

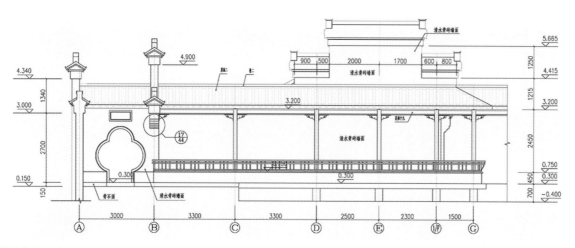

修竹斋立面图

5.19 园林景桥

进士桥

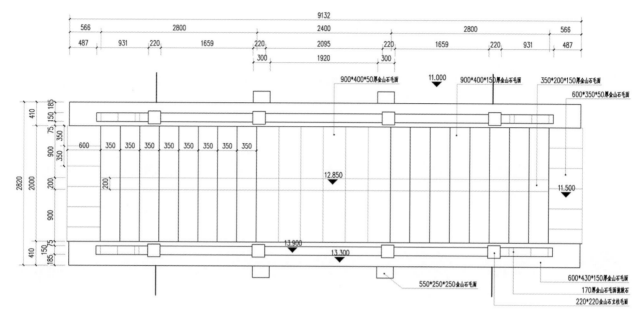

进士桥平面图

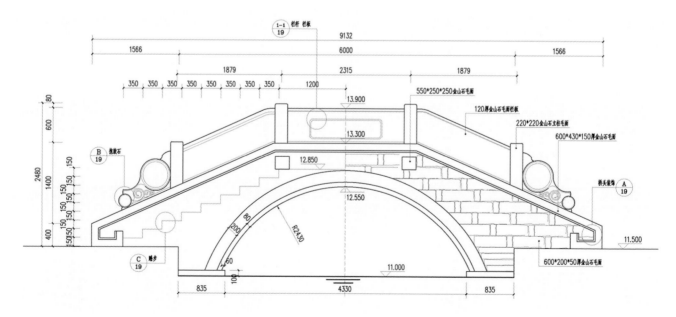

进士桥正立面图

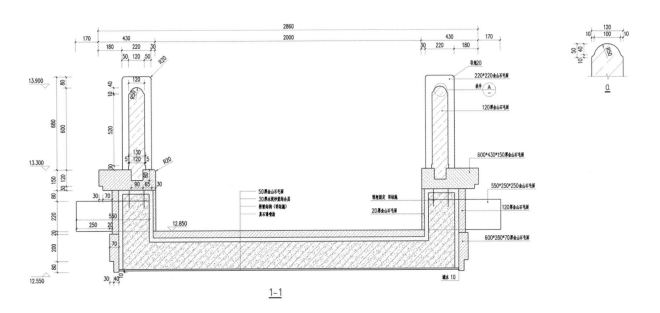

1-1

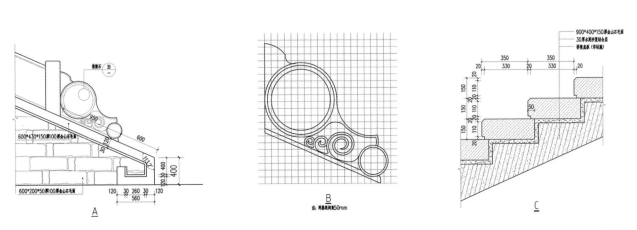

A

B
注：网格填料50mm

C

景桥详图

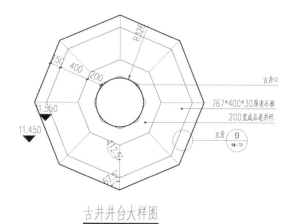

古井口

767*400*30厚老石板

200宽成品老井栏

立牙 ⑨

古井井台大样图

状元井

丛桂揽月次入口

6 宅园文化表现

　　传统的宅园文化可分为以反映人文气息、家族信息，彰显家德、传承家风等的"宅文化"，和以反映自然景象，给人意境感受、形象感知、钟情感知，体现人与自然"和谐"的"园"文化。

　　胡家花园的宅园文化从总体格局、建筑形式上体现了胡家重教兴文、人才辈出、光耀门楣，牌匾楹联反映了胡家重德、重学，颂扬德、学。在园林中以景拟情，展现园林美景文化，如"园古逢秋好，楼空得月多""半波风雨半波晴，渔曲飘秋野调清""灯火娱清夜，风霜变早寒"等等。通过这些形式充分地展现了胡家花园的文化性。

7 牌匾、楹联汇编

胡家花园中的匾额、楹联都是出自名宿大儒的手笔。正堂（三进堂）为胡宅核心，"学配中胜"为正堂之匾额，托物言志，体现胡家精神所在。

匾额、楹联不仅能点缀堂榭、装饰门墙，而且也丰富了景观、增加了诗情画意，在园林中往往表达了造园者或园主的思想感情。楹联悬挂或粘贴在壁间柱上，要求对偶工整，平仄协调，是诗词形式的演变。

"灯火娱清夜，风霜变早寒"悬挂于待春亭，选自陆游《遣兴》，似园林的面部表情，提升格调、营造意境，更具诗情画意，寓情于景。

如《红楼梦》中所说："偌大景致，若干亭榭，无字标题，也觉寥落无趣，任有花柳山水，也断不能生色。"

自宋代之后，楹联逐渐出现于园林景观中。由于文人的参与把建筑环境的创造推向了高潮，并形成了具有中国民族特色的建筑与装饰，反映时代的变化和主流价值观。随着我国的文化事业逐步走向繁荣，楹联文化也应该顺势而为，不断推陈出新，建立为实现社会主义现代化强国事业服务、为广大人民群众服务的发展理念，传承与发展中国古典园林楹联文化。

胡家花园牌匾、楹联可分为二类：

一是主体宅屋类，该类难度较大，必须从家训、宗谱、吉字中寻找恰当的字句方能"镇住"。

二是园林景点类，该类根据园中建筑拟定的牌匾字句意境去题写或寻找把握相关诗词回应作为楹联内容。

在牌匾、楹联内容书写上倾向提议邀请沭阳本地书法家分别书写多幅以选定稿刻录，后采纳，由县文化广电和旅游局组织完成。

小池兼鹤净，古木带蝉秋。

焦叶半黄荷叶碧，两家秋雨一家声。

听雨入秋竹，留僧覆旧棋。

柳浪接双桥，荷风来四面。

书后欲题三百颗，洞庭须待满林霜。

疏影横斜水清浅，暗香浮动月黄昏。

二龙戏珠妙手出，卧牛望月匠心裁。

7.1 楹联、牌匾分布

1. 胡宅
2. 轿厅
3. 三进堂
4. 立雪堂
5. 洗砚亭（程门书屋）
6. 乐艺轩
7. 清音阁
8. 复棋水阁
9. 松桩瑰宝
10. 西苑
11. 柳浪晚渡
12. 待春亭
13. 揽月楼
14. 香莲斋
15. 暗香阁
16. 花神堂
17. 闻梅轩
18. 畏寒亭
19. 落雁舫
20. 浣溪亭

　　牌匾："胡宅"为黑底金字，隶书体，尺寸 1800 mm×650 mm。书写人：王浩（笔名王灏），沭阳美术馆（沭阳书法艺术馆）馆长，中国书法家协会会员，中国书法之乡联谊会理事，江苏省书法家协会理事，江苏省对外文化交流协会理事，宿迁市书法家协会副主席，沭阳县书法家协会名誉主席，中国书法最高奖"兰亭奖"获得者。

　　该门为胡家花园正门，前有河桥，大门形制为"广亮大门"，古时"七品"以上官员才能用，大门屋面为硬山加皖南马头墙形式，设计中控制大门体量，保持低调不张扬的隐逸做派，体现了胡家谦恭家德。

　　牌匾"德靖安怀"为黑底金字，隶书体，尺寸 1800 mm × 600 mm。书写人：司东，结业于中国人民大学艺术学院书法高级研修班，中国书法家协会会员，中国楹联学会会员，江苏省青年书法家协会理事，宿迁市书法家协会副主席，宿迁市教育书法家协会学术顾问，宿迁市文联委员，沭阳县书法家协会主席。

　　"胡宅"正厅、正堂所书牌匾应能体现胡家之精神所在。正厅、正堂依据胡家迁沭阳祖良友公十一世纪所制五十世吉字"世映南殿文，庆锡仰玉方，道义纯心广，统延继序长，学佩中胜立，德靖安怀康，富贵光明正，天高永福祥"，从中选取"德靖安怀""学佩中胜"为正厅、正堂之牌匾，正厅、正堂为"胡宅"核心。正厅由小院围合，所书牌匾体现胡家之精神所在。

牌匾："学配中胜"为黑底金字，隶书体，尺寸 1200 mm × 450 mm。书写人：蔡长庚，江苏省书法家协会会员，宿迁市书法家协会原副主席，政协沭阳县九届委员会常委，宿迁市书法家协会、沭阳县书法家协会顾问，其书法作品多次参加全国及省市县等重大展览。

正堂为二层建筑，两则轩房，形成"四水归堂"形制。

　　牌匾："立雪堂"为黑底金字，隶书体，尺寸 900 mm × 400 mm。书写人：蔡长庚，江苏省书法家协会会员，宿迁市书法家协会原副主席，政协沭阳县九届委员会常委，宿迁市书法家协会、沭阳县书法家协会顾问，书法作品多次参加全国及省市县等重大展览。

　　楹联："程门求学典致传，尊师敬道美德扬。"为自撰写，以"程门立雪"成语为源索，体现尊敬师长、诚恳好学的学风，符合胡家之家训。

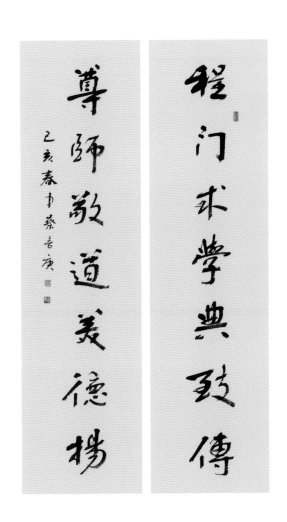

　　牌匾："洗砚亭"为黑底金字，隶书体，尺寸 1500 mm × 500 mm。书写人：王浩（笔名王灏），沭阳美术馆（沭阳书法艺术馆）馆长，中国书法家协会会员，中国书法之乡联谊会理事，江苏省书法家协会理事，江苏省对外文化交流协会理事，宿迁市书法家协会副主席，沭阳县书法家协会名誉主席，中国书法最高奖"兰亭奖"获得者。

　　楹联："晚日未抛诗笔砚，夕阳空望郡楼台。"选自元稹（唐）《别后西陵晚眺》："晚日未抛诗笔砚，夕阳空望郡楼台。与君后会知何日，不似潮头暮却回。"

牌匾："乐艺轩"为黑底金字，隶书体，尺寸 1050 mm × 600 mm。书写人：赵立志，结业于中国人民大学艺术学院书法高级研修班，中国书法家协会会员，沭阳县书法家协会副主席，作品多次在中国书法家协会主办的兰亭奖、届展、草书展、行草书展、手卷展、册页展等大型展览中入展获奖。

楹联："淮海鼓锣传四海，苏北琴书走天下。"

工古锣起源沭阳，也称淮海鼓锣，为省级非物质文化遗产，是流传百年的曲艺，说的是万家故事，唱的是百年情怀，在沭阳、泗阳、淮安等地广为流传。苏北琴书，起源临近的宿迁，也称打扬琴，初为明末清初的民间小调，后逐步形成"琴书"，广传于苏北、皖东北、鲁东南地区，为省级非物质文化遗产。

　　牌匾："清音阁"为黑底金字，隶书体，尺寸 1200 mm × 450 mm。书写人：司东，结业于中国人民大学艺术学院书法高级研修班，中国书法家协会会员，中国楹联学会会员，江苏省青年书法家协会理事，宿迁市书法家协会副主席，宿迁市教育书法家协会学术顾问，宿迁市文联委员，沭阳县书法家协会主席。

　　牌匾："复棋水阁"为黑底金字，隶书体，尺寸 1500 mm × 450 mm。书写人：吕浦（又名吕溥），中国书法家协会会员，江苏省书法家协会会员，沭阳县书法家协会副主席，书法作品多次入展全国第九届书法篆刻展等重大展览。

　　楹联："杨柳岸清风微拂，手遮天运筹帷幄。"情景意境，柳岸清风，微风徐徐，黑白之间高瞻远瞩，看清行远，要想取胜必须能运筹帷幄，为撰写联。

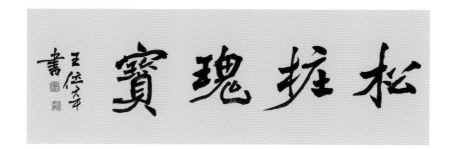

　　牌匾："松桩瑰宝"为黑底金字，隶书体，尺寸 1500 mm × 450 mm。书写人：王位辛，沭阳县文化宫主任、书记，中国书法家协会会员，宿迁市书法家协会理事，书法作品入展第十一届中国艺术节书法作品展，第三、四届扇面艺术展，第七届楹联展等国家级展览 10 余次。

　　楹联："古树望月似卧牛，虬枝劲节戏玉珠。"木楹为黑底金字，隶书体，尺寸 1800 mm × 180 mm。

牌匾："西苑"为黑底金字，隶书体，尺寸 900 mm × 450 mm。书写人：王军生（字君宝、号闲墨社居士），师承尉天池、马士达等先生，中国书法家协会会员，沭阳县书法家协会顾问，书法作品入展国家和省市级展览 20 余次并有获奖，作品被国家机关、军队和地方院校、中国远望号测量船等单位和机构收藏。

楹联："园古逢秋好，楼空得月多。"选自书法家肖娴作品诗句。木楹为黑底金字，隶书体，尺寸 1800 mm × 180 mm。

牌匾："柳浪晚渡"为黑底金字，隶书体，尺寸 1200 mm × 450 mm。书写人：韩亮，中国书法家协会会员，江苏省书法家协会会员，宿迁市画院特聘书法家，沭阳县书法家协会副主席，书法作品多次在全国首届册页展等重大展览中入展，并被全国多家专业机构出版、收藏。

楹联："半波风雨半波晴，渔曲飘秋野调清。"选自陆龟蒙（唐）《晚渡》："半波风雨半波晴，渔曲飘秋野调清。各样莲船逗村去，笠檐蓑袂有残声。"

牌匾："待春亭"为黑底金字，隶书体，尺寸 700 mm × 350 mm。书写人：司东，结业于中国人民大学艺术学院书法高级研修班，中国书法家协会会员，中国楹联学会会员，江苏省青年书法家协会理事，宿迁市书法家协会副主席，宿迁市教育书法家协会学术顾问，宿迁市文联委员，沭阳县书法家协会主席。

楹联："灯火娱清夜，风霜变早寒。"选自陆游（宋）《遣兴》："兔径游观足，蜗庐卧起宽。垂名千古易，无愧寸心难。灯火娱清夜，风霜变早寒。一经家世事，吾兴未应阑。"

牌匾："揽月楼"为黑底金字，隶书体，尺寸 1200 mm × 450 mm。书写人：王浩（笔名王灏），沭阳美术馆（沭阳书法艺术馆）馆长，中国书法家协会会员，中国书法之乡联谊会理事，江苏省书法家协会理事，江苏省对外文化交流协会理事，宿迁市书法家协会副主席，沭阳县书法家协会名誉主席，中国书法最高奖"兰亭奖"获得者。

楹联："凭槛眺望云水素，近窗凝视烛光红。"选自《轱辘体·诗心揽月醉清风》："诗心揽月醉清风，一曲悠悠入夜空。凭槛眺望云水素，近窗凝视烛光红。逸情恣意如童子，雅韵飞扬是老翁。游宦归来师五柳，重持耕读乐无穷。"

　　牌匾："香莲斋"为黑底金字，隶书体，尺寸 1200 mm × 450 mm，书写人：宋大伟，山东文登人，毕业于徐州师范大学书法本科专业，中国书法家协会会员，宿迁市青年书法家协会副主席，沭阳县书法家协会副主席，沭阳县美术馆展览活动部主任。

　　楹联："荷风送香气，竹露滴清响。"选自孟浩然（唐）《夏日南亭怀辛大 》："山光忽西落，池月渐东上。散发乘夕凉，开轩卧闲敞。荷风送香气，竹露滴清响。欲取鸣琴弹，恨无知音赏。感此怀故人，中宵劳梦想。"

牌匾："暗香阁"为黑底金字，隶书体，尺寸 1300 mm×500 mm。书写人：王全，结业于中国艺术研究院中国书法院第二届研究生课程班，中国国家画院胡抗美、曾翔书法工作室成员，中国书法家协会会员，江苏省青年书法家协会行草书委员会委员，沭阳县书法家协会副主席。

楹联："香中别有韵，清极不知寒。"选自崔道融（唐）《梅花》："数萼初含雪，孤标画本难。香中别有韵，清极不知寒。横笛和愁听，斜枝倚病看。朔风如解意，容易莫摧残。"

　　牌匾："花神堂"为黑底金字，隶书体，尺寸 1200 mm × 450 mm。书写人：钱兆林，中国书法家协会会员，江苏省书法家协会会员，宿迁市画院特聘书法家，淮阳书画院副秘书长，沭阳县书法家协会副主席，书法作品多次入展全国第十届书法篆刻展等重大展览。

　　楹联："万紫千红似锦绣，装扮花朝贺女夷。"相传女夷为南岳夫人女仙魏华存弟子，女夷升天成仙掌管天下名花，称为花神，楹联为等待、恭贺花神到来之意。

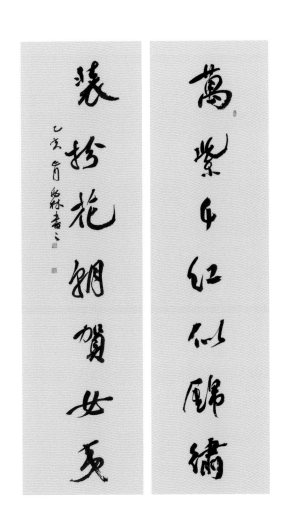

　　牌匾："闻梅轩"为黑底金字，隶书体，尺寸 1200 mm × 450 mm，书写人：仲其玉，中国书法家协会会员，江苏省书法家协会会员，宿迁市画院特聘书法家，沭阳县书法家协会副主席，书法作品多次在全国第九届书法篆刻展等重大展览中入展、获奖，并被海内外多家专业机构和国际友人收藏，部分作品被刻入全国著名景点碑林。

　　楹联："幽谷那堪更北枝，年年自分着花迟。"选自陆游（宋）《梅花绝句·其二》："幽谷那堪更北枝，年年自分着花迟。高标逸韵君知否，正是层冰积雪时。"表达了作者心念国事，若有所待的心态，与"胡家"精忠报国的儒家思想一致。

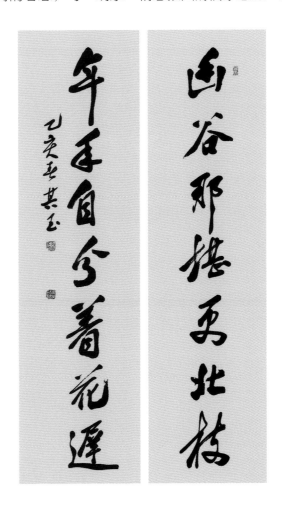

牌匾："畏寒亭"为黑底金字，隶书体，尺寸 950 mm × 350 mm。书写人：孙昊，毕业于南京艺术学院书法专业，中国书法家协会会员，江苏省书法家协会会员，宿迁市教育书法家协会副主席，沭阳县书法家协会副主席，书法作品多次入展中国书法家协会主办的重大展览。

楹联："遥知不是雪，为有暗香来。"选自宋朝诗人王安石的古诗作品《梅花》："墙角数枝梅，凌寒独自开。遥知不是雪，为有暗香来。"

牌匾:"落雁舫"为黑底金字,隶书体,尺寸 1200 mm × 450 mm。书写人:司东,结业于中国人民大学艺术学院书法高级研修班,中国书法家协会会员,中国楹联学会会员,江苏省青年书法家协会理事,宿迁市书法家协会副主席,宿迁市教育书法家协会学术顾问,宿迁市文联委员,沭阳县书法家协会主席。

楹联:"水里不用觅鱼踪,天边何处观鸟迹。"选自释道枢(宋)《颂古三十九首·其一》:"犯重比生清净行,平等性中无捐益。水里不用觅鱼踪,天边何处观鸟迹。"

牌匾："浣溪亭"为黑底金字，隶书体，尺寸 1300 mm × 800 mm。书写人：梁立军，中国书法家协会会员，江苏省书法家协会会员，宿迁市教育书法家协会副主席，沭阳县书法家协会副主席，书法作品多次入展全国第八届书法篆刻展等重大展览。

楹联："细雨斜风作晓寒，淡烟疏柳媚晴滩。"选自苏轼（宋）《浣溪沙·细雨斜风作晓寒》："细雨斜风作晓寒，淡烟疏柳媚晴滩。入淮清洛渐漫漫。雪沫乳花浮午盏，蓼茸蒿笋试春盘。人间有味是清欢。"

后 记

　　《园冶》中有云"三分匠，七分主人"。"匠"是建造者，包括设计者；"主"即为甲方，使用者。如唐代王维与他的"辋川别业"，宋代王安石之"半山园"，宋代苏舜钦之"沧浪亭"，园主的学识修养造就了一代名园。

　　由沭阳旅游局牵头对胡家花园方案设计进行招投标，我院中标之后进行了一系列深化修改。在沭阳县文化广电和旅游局及沭阳金源资产经营有限公司的关心和指导下，我院设计团队在李浩年董事长、陈伟副总经理和姜丛梅副总经理的领导下，怀着对古典建筑和古典园林的崇敬与向往，不辞辛苦、不断打磨，营造了又一处精品园林。"胡家花园"等所有牌匾、楹联的书写作品均由沭阳金源资产经营有限公司组织沭阳本地书法家精心打造。

　　新建的一座园林犹如一件文玩，经过时间的洗礼以及与使用者的磨合，过程中或增或减或调整，建筑及构件会因时间而温润，植物会随季节而生长，姿态丛然，各景物相互融合，产生一种"包浆"，游者在其中"把玩"，渐渐地它就成熟了！

书名：沭阳胡家花园——名门宅苑的传承

主编：李浩年

副主编：姜丛梅　陈　伟

项目主要设计人：陈　彪　崔恩斌　朱道英　瞿露波　燕　坤

　　　　　　　　樊　晓　王　琳　刘小琳　许志焕　程晓曼

　　　　　　　　李晓萌　郑　辛　叶亚昆　陈　苹　苏雅茜

资料整理：朱　巧　孙海澜　王钰雯

摄影：李　伟　李　晶　刘　鹏

内容简介

本书通过汇编、整理沐阳胡家花园设计内容，从传统园林营造角度诠释和把握了名门宅苑传承的核心，从项目背景及地域文化特点、中国传统名宅研究、胡家花园实考及其设计指导思想、总体布局与景区构成、宅园文化表现、牌匾楹联汇编等方面，详细记述了中国传统名宅的营建过程。书中内容翔实丰富，包括文字介绍、设计方案、施工图纸及建成后的照片等，有很强的实用性，对如何把握中国传统名宅的营造有完整的借鉴和示范作用，可供设计、施工、管理等相关专业人员研究、探讨，并成为胡家花园的重要阅读收藏史料。

图书在版编目（CIP）数据

沐阳胡家花园：名门宅苑的传承 / 李浩年主编. —
南京：东南大学出版社，2021.6
 ISBN 978 - 7 - 5641 - 9586 - 1

Ⅰ．①沐… Ⅱ．①李… Ⅲ．①花园–园林设计–介绍
–沐阳县 Ⅳ．①TU986.2

中国版本图书馆CIP数据核字（2021）第123757号

沐阳胡家花园—— 名门宅苑的传承
Shuyang Hujia Huayuan—— Mingmen Zhaiyuan De Chuancheng

主　　　编	李浩年
责 任 编 辑	戴　丽
书 籍 设 计	皮志伟
责 任 印 制	周荣虎
出 版 发 行	东南大学出版社
社　　　址	南京市四牌楼 2 号（邮编：210096）
出 版 人	江建中
网　　　址	http://www.seupress.com
电 子 邮 箱	press@seupress.com
经　　　销	全国各地新华书店
印　　　刷	上海雅昌艺术印刷有限公司
开　　　本	889 mm×1194 mm　1/20
印　　　张	11.5
字　　　数	200千字
版　　　次	2021年6月第 1 版
印　　　次	2021年6月第 1 次印刷
书　　　号	ISBN 978-7-5641-9586-1
定　　　价	128.00元

本社图书若有印装质量问题，请直接与营销部联系，电话：025-83791830。